KB122989

나는
기린 해부학자
입니다

KIRIN KAIBOUKI
by Megu Gunji

Original Japanese editon published by NATSUMESHA CO., LTD.
Korean translation copyright ©2020 by THE FOREST BOOK Publishing Co.
This Korean edition published by arrangement with NATSUME SHUPPAN KIKAKU CO., LTD., Tokyo,
through HonnoKizuna, Inc., Tokyo, and BC Agency

기린 덕후 소녀가 기린 박사가 되기까지의
치열하고도 행복한 여정

나는 기린 해부학자입니다

군지 메구 지음 | 이재화 옮김 | 최형선 감수

더숲

진정한 학문의 즐거움을 누리며 사는 삶

현존하는 육상동물 중에 가장 키가 큰 동물인 기린의 경추(목뼈)는 몇 개일까? 많은 사람들이 기린의 유달리 긴 목을 보면서 다른 동물들보다 경추 수가 많을 것이라고 예상하겠지만, 기린은 여느 포유류와 마찬가지로 7개의 경추만을 가지고 있다. 하지만 '기린 덕후 과학자'인 군지 메구는 여기서 멈추지 않고 새로운 발견을 향해 나아갔다. 그녀는 기린의 목에 누구나 감탄할 만한 재미있는 진화의 수수께끼가 있을 것이라고 믿고 연구를 진행했고 새로운 발견에 다다랐다. 바로 '기린의 제1흉추가 8번째 목뼈로 기능한다'는 것을 밝힌 것이다.

그녀의 기린 목뼈 연구는 동물원에서 기증받은 기린의 사체를 해부하면서 이루어졌다. 그것도 30마리씩이나. 접하기 힘든 거대한 몸집의 기린 사체를 한 마리씩 대할 때마다 그녀는 생명에 대한 존엄성을 되새기고 진지한 학문적 태도를 견지했다. "어릴 때부터 기린을 좋아해서 기린 연구를 하고 있어요."라는 그녀의 이야기에는 자부심과 만족감이 들어 있다. 책장을 넘기면서 독자들은 그녀와 함께 지적 호기심이 자극되고 채워지는 기분 좋은 느낌을 받을 것이다.

긴 목을 활용하는 유별난 진화 과정은 기린의 몸속 구조에 감춰져 있었다. 멋진 기린에게 남다른 행운이 뚝 떨어지듯 특별히 별난 형태로 유전자 돌연변이가 일어난 게 아니었다. 경쟁을 피하며 살아남기 위해 자신의 모든 것을 남다른 방법으로 총동원했다. 그가 택한 방법은 높은 곳에 있는 잎을 먹는 것이었고 그 과정에서 생존에 유리한 몸을 획득해 왔다. 긴 다리와 긴 목을 지닌 키가 큰 단단한 기린이 떫지 않은 연한 잎을 신나게 먹게 되었고 짝짓기 선택에도 우위를 점하면서 적자생존으로 번성한 것이다.

생존을 위한 노력은 진화의 결과로 나타났는데, 그녀가 밝혀낸 바에 따르면, 기린은 목을 움직일 때 경추뿐만 아니라 제1흉추까지 움직인다. 몸 구조를 크게 바꾸지 않은 채 근육과 골격 연결만을 약간 바꿔 몸통 일부가 움직이도록 가동성을 높인 것이다. 이러한 기린의 남다른 생존 전략을 밝혀내기까지 그녀는 열정을 다해 연구에 임한다. 그리고 그 과정을 차근차근 흥미롭게 그리고 구체적으로 이야기하고 있다. 이 책을 읽고 나면 기린의 남다른 생존 전략을 밝혀낸 그녀의 노력에 감탄하게 되고 앞으로 그녀가 진행할 연구가 기다려지게 된다.

나는 "지식은 일상을 풍성하게 만들고 익숙한 것에 가치를 부여해 새로운 깨달음을 낳게 함으로써 일상생활을 빛나게 해 줍니다."라고 말하는 그녀의 주장에 적극 동의한다. 그녀는 자신이 좋아하는 것을 따르고, 그 과정에서 새로운 사실을 알아가는 즐거움을 누리며 살아가고 있다. 그런 그녀의 모습은 우리에게 '학문의 즐거움'을 깨닫게 한다. 기린이 새로운 생존 전략으로 진화했던 것처럼 그녀의 연구도 계속 진화하기를 기대해본다.

최형선
(생태학자)

들어가는 말

"기린이 죽었습니다."

내 연구는 동물원 직원이 보내온 기린 부고에서 시작된다. 기린 사체를 트럭에 싣고 연구 시설로 들여와 트럭에 달린 크레인을 사용해 해부실로 내린다. 기린의 목은 길이 2미터, 무게 150킬로그램 정도. 사람용 해부대에 딱 맞는 크기다.

차가운 은색 해부대 위에 놓인 기린 목 앞에 서서 해부 도구를 손에 쥔다. 처음 사용하는 도구는 날 길이 17센티미터의 해부칼. 오른손에 쥔 해부칼을 피부에 대고 천천히 절개해 나간다. 절개 부위에 손가락을 넣어 피부를 살짝 들어 올려 피부와 근육 사이에 해부칼을 찔러 넣고 조심스레 가죽을 벗긴다. 피부 아래에 숨어 있던 근육이 보이면 의료용 작은 메스로 바꿔 쥐고 지방과 결합조직을 제거해 나간다.

옆에는 혈흔이 묻은 낡은 스케치북과 색연필, 일안 리플렉스 카메라가 놓여 있다. 노출된 기린의 목 근육 구조를 사진으로 찍고 스케치북을 펼쳐 근육 구조의 특징을 그려 넣는다.

이것이 나의 평상시 작업 풍경이다. 나는 기린을 해부해서 몸속에 숨은 근육이나 골격 구조를 조사한다.

기린은 어떻게 저 긴 목을 움직이는 걸까?

어떻게 긴 목과 커다란 몸을 지탱하는 걸까?

저 긴 목은 어떤 구조로 이루어져 있을까?

사람의 목 구조와 같을까?

아니면 전혀 다른 특수한 구조를 획득한 걸까?

애초에 왜 목이 길어진 걸까?

처음으로 기린을 해부한 것은 열아홉 살의 겨울이었다. 그로부터 대략 10년이 지난 지금까지 30마리의 기린을 해부해 왔다. 북쪽으로는 센다이仙台부터 남쪽으로는 가고시마鹿児島까지 전국 각지의 동물원에서 기증한 기린 사체 덕분에 수많은 해부 기회를 얻을 수 있었다.

사실 '기린을 해부해 본 경험이 있는 사람'은 제법 있다. 기린을 한 번이라도 해부한 적 있거나 견학한 적 있는 사람이라면 일본에도 100명 정도는 있을 것이다.

하지만 수십 마리의 기린을 완전히 해부한 사람은 아직 본 적이 없다. 외국 연구자 중에서도 나보다 많이 기린을 해부한 사람은 만난 적이 없다. 어쩌면 내가 세상에서 가장 기린을 많이 해부한 사람일지도 모른다.

이 책은 철이 들 무렵부터 기린을 좋아했던 내가 열여덟 살에 기린 연구자가 되기로 결심한 후, 은사를 만나 해부를 배우고 수많은 기린 해부 과정을 거쳐 마침내 기린의 '8번째 목뼈'를 발견하여 기린 박사 학위를 받기까지, 약 9년 동안의 이야기다. 나 자신의 이야기이며, 동물원에서 많은 사람에게 사랑받은 기린들의 사후 이야기이기도 하다. 처음으로 해부한 고베시립왕자동물원神戸市立王子動物園의 '나쓰코夏子', 나와 동갑이었던 하마마쓰시동물원浜松市動物園의 '시로シロ', 나보다 나이가 많았던 치바시동물공원千葉市動物公園의 '아짐アジム'……. 지금까지 해부해 온 모든 기린이 기억 깊숙이 남아 있다. 생전의 애칭과 이름은 물론이고 나이와 사육했던 시설까지 또렷하게 기억하고 있다.

이 책에는 내 연구와 특히 관계가 깊었던 몇 마리의 기린이 등장한다. 지금은 죽은 기린들의 '제2의 생애'라고도 말할 수 있는 사후의 이야기를 읽고서 당신이 '오래간만에 기린을 보러 동물원이나 가 볼까'라는 생각이 든다면 난 너무나 기쁠 것이다. 만약 그 기린들의 생전 모습을 알고 있는 분에게 이 이야기가 전해진다면 더욱 기쁠 것이다.

그리고 이 책을 다 읽었을 때, 당신이 지금보다 조금 더 기린을 좋아하게 되었다면 더할 나위 없이 행복할 것이다.

군지 메구

차례

제3장 드디어 기린을 '해부'하다

제4장 본격적인 기린 목뼈 연구

제5장 제1흉추를 움직이는 근육을 찾아서

제6장 흉추인데 움직일까?

제7장 기린의 8번째 '목뼈'의 발견

제8장 새로운 연구를 향해

[기린 목의 골격도]

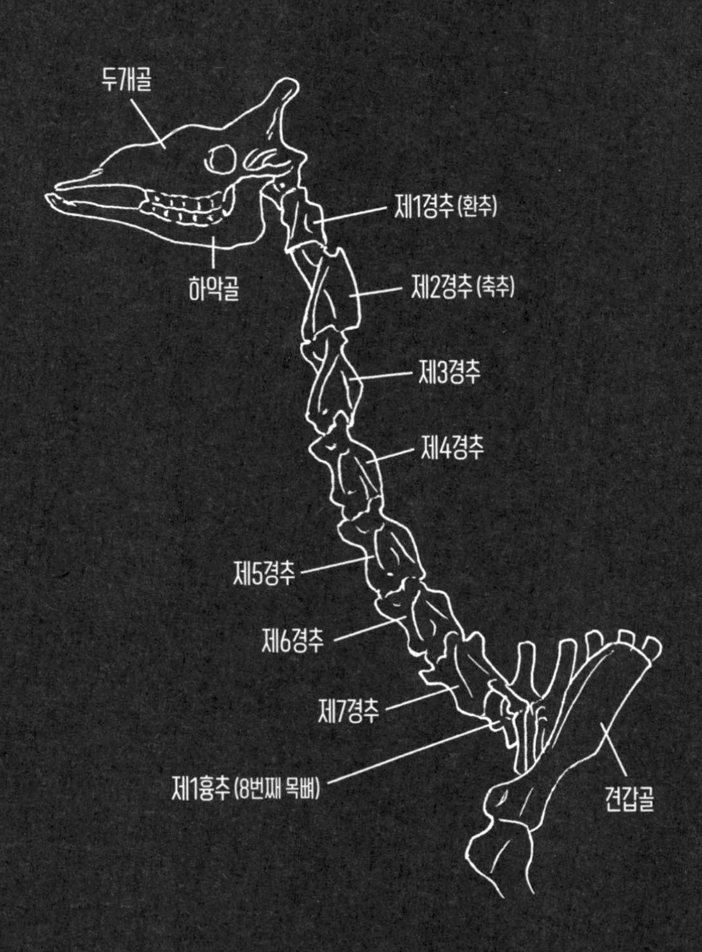
두개골
하악골
제1경추(환추)
제2경추(축추)
제3경추
제4경추
제5경추
제6경추
제7경추
제1흉추(8번째 목뼈)
견갑골

제1장

기린 해부란?

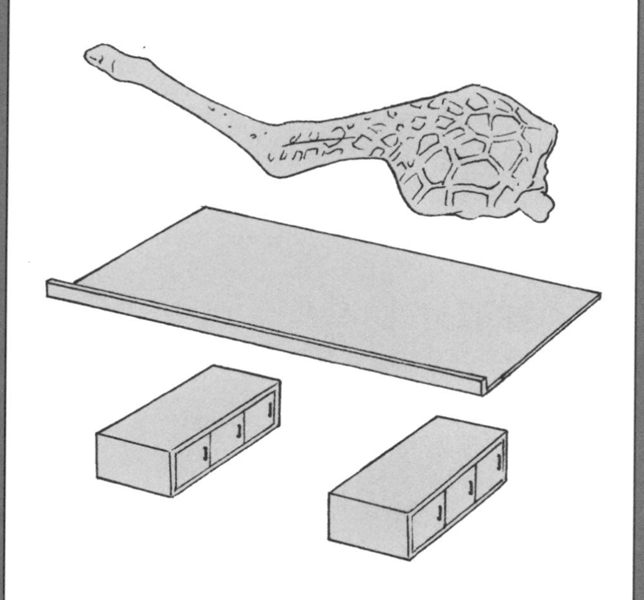

해부는 언제나 갑자기

나의 기린 연구 이야기를 시작하기 전에, 먼저 내 일인 '기린 해부'에 대해 구체적으로 설명하려 한다. 기린을 해부해 볼 기회는 생각보다 많아서 어쩌면 독자 여러분에게도 우연히 기회가 찾아올지도 모른다. 언제 해부 기회가 찾아오더라도 당황하지 않도록 해부 절차와 필요한 도구를 중심으로 이야기하려 한다.

기린의 해부는 동물원 직원이 보내온 부고로 시작한다. 나에게 도착하는 기린의 사인은 수명이 다했거나 질병에 걸려서 또는 사고를 당해서 등 다양하다. 때로는 "오늘 밤이 고비일지도 모릅니다."라는 연락을 받기도 하지만, 기본적으로는 언제 죽을지 예상할 수 없다. 그래서 해부는 언제나 갑자기 시작된다. 사전에 일정을 짜 둘 수는 없다.

다 자란 기린의 신장은 암컷이 4미터, 수컷은 5미터나 된다. 일반적인 아파트 2층에 달하는 높이다. 다리 하나만의 길이가 2.5미터나 되기도 한다. 이렇게 큰 동물은 사체를 포르말린이나 알코올에 담가 방부 처리하거나 냉동고에 일시적으로 보관하기 어렵다. 그래서 사체가 도착하면 곧바로 해부를 시작해 끝날 때까지 한 번에 작업을 수행해야 한다.

해부를 다 하기까지는 평균적으로 대략 일주일 정도 소요된다. 그보다 더 걸리면 부패가 진행돼 사체 상태가 나빠져서 해부를 제대로 진행할 수 없다. 기온이 낮아 부패 진행이 느려지는 겨울철이라면 열흘 정도 작업하기도 한다.

나는 빈틈없는 일정을 짜놓고 하루하루를 보내는 타입은 아니지만, 기린 부고가 도착했을 때 일주일씩 일정이 비어 있을 만큼 한가하지도 않다. 연구 회의가 있거나 학회 일정이 잡혀 있기도 하다. 때로는 친구와 식사 약속도 있고 데이트가 있을 수도 있다.

모두 중요한 약속이지만, 나에게는 기린 해부가 최우선 사항이다. 그래서 부고가 도착하면 약속은 전부 취소한다. "미안. 기린이 죽어서…….", "죄송합니다. 기린 해부 일정이 생겨서요……."라는 한마디에 모든 것을 이해해 주는 친구와 지인에게는 정말 감사하고 있다.

기린은 아프리카에 사는 동물이라 그런지 추운 시기에 죽는 일이 많다. 특히 연말연시에는 부고가 잘 들어오기 때문에 최근 5년 동안은 연말연시 일정을 잡지 않으려 하고 있다. 송년회나 신년회 참석 여부를 물어보면 "기린이 죽지 않으면 갈게."라고 대답한다. 실제로 해부 일정이 잡혀 갑자기 약속을 취소한 적도 있다.

만우절 아침에 부고가 도착한 적도 있다. 처음 이불 속에서 메일을 봤을 때는 약간 의심하기도 했지만, 당연히 거짓말이 아니었다. 기린 사체를 야마구치대학山口大学으로 옮기기로 했기 때문에 그날 정오 무렵에는 해부 도구와 갈아입을 옷을 안고 신칸센을 탔다. 도중에 "기린을 태운 트럭이 고속도로를 달리다가 타이어에 펑크가 나서 도착 시간이 많이 늦어질 것 같습니다."라는 연락을 받았을 때는 '역시 거짓말이었구나.'라고 생각했지만 그 이야기도 진짜였다. 어쨌든 기린 부고가 도착하면 처음 할 일은 똑같다. 일주일 치 일정을 전부 취소하고 해부를 준비한다.

기린은 신장에 비해 몸통이 작아서 대형 동물 치고는 작업이 쉬운 편이다. 팔다리와 목을 제거하면 각각의 부위는 작아진다. 팔다리가 가늘고 길어서 지레의 원리를 잘 이용하면 나 혼자서도 팔다리를 들어 올리거나 빙글 뒤집을 수 있다. 코끼리나 코뿔소는 작업에 많은 사람이 필요하지만, 기린은 하려고 하면 혼자서도 해부할 수 있다.

다만 사체를 해부실로 옮길 때는 도움을 받는 편이 수월하다. 그래서 실제로는 주로 여러 사람이 함께 해부한다. 연구실에 남아 있는 운 좋은(나쁜?) 선후배에게 말을 걸어 사체 반입을 도와 달라고 부탁한다. 연구실 멤버도 각자 약속이 있거나 실험이나 논문 집필로 바쁘다는 것을 알기 때문에 갑작스럽게 도움을 요청하는 것이 미안하지만, 어쩔 수 없다. 갑자기 대형 동물 사체가 들어오는 것은 연구실에서는 일상적인 일이라 갑작스러운 부탁을 해야 하는 건 피차일반이다.

나도 석사 논문 집필에 쫓기고 있을 때, 체중 600킬로그램의 남방코끼리물범 해부에 동원됐다. 박사 논문을 쓰고 있을 때는 1.5톤의 흰코뿔소 해부를 도왔다. 약속이 있는 날이거나 연구로 바쁠 때는 왠지 대형 동물 사체가 올 것 같은 불길한 예감이 든다. '왜 오늘이야!?'라고 생각한 적도 있지만, 해부를 통해 배우는 것도 많았고 세월이 지나 되돌아보면 모두 다 소중한 경험이었다.

해부에 필요한 도구

기린 해부는 기본적으로 메스와 핀셋을 사용해 이루어진다. 메스는 사람을 수술할 때도 사용하는 5센티미터 정도의 작은 것이다. 메스의 칼날 형태는 다양한데, 나는 '23호' 메스를 사용한다. 핀셋도 다양한 종류가 있지만, 초심자라면 끝이 갈고리 모양으로 돼 있어 근육이 잘 잡히는 '유구有鉤 핀셋(끝이 휘어진 핀셋)'을 추천한다. 나는 유구 핀셋과 끝이 뾰족한 '가시 제거용 핀셋' 두 종류를 사용한다.

기린의 피부는 두께가 1센티미터 이상이라 일반 메스로는 가죽을 절단하기가 조금 힘들다. 이때 사용하는 것이 '해부칼'이라고 부르는 날 길이 17센티미터의 날붙이다. 겉모습은 마치 단검 같아 보이지만, 일반 메스와 마찬가지로 날을 교환할 수 있다. 의료 기구로 팔리는데, 원래 사람의 뇌 해부용으로 사용하는 듯하다.

박물관의 비품 창고에서 자기 손에 맞는 고무장갑과 적출한 근육을 넣기 위한 다량의 비닐봉지를 꺼내 와 해부실 책상 위에 늘어놓는다. 하는 김에 해부실 구석에 기대어 놓은 갈고리도 꺼내 온다. 어시장 같은 곳에서 참치를 끌 때 사용하는 끝이 둥글게 굽은 그 도구다. 거대한 근육 덩어리를 들어 올릴 때 갈고리를 사용하면 편하다.

아, 그렇지. 도착할 기린 사체의 '표본 인수 번호' 등록도 잊으면 안 된다. 개체 정보와 결합한 번호를 사체에 붙여서 이미 박물관에 들어와 있는 다른 기린의 골격 표본과 섞이지 않도록 하기 위함이다. 말하자면 표본의 주민등록번호다. 연구실 데이터베이스에 보관된 엑셀 파일을 열어 최신 표본 인수번호를 확인하고 옆 칸에 지정된 정보를 입력해 나간다. 기증된 동물의 종명, 학명, 분류군, 개체의 이름, 성별, 나이, 사육했던 동물원 이름, 사망일 등이다. 마지막으로 사체의 반입일을 입력하고 인수자 입력란에 내 이름을 적는다. DNA 샘플

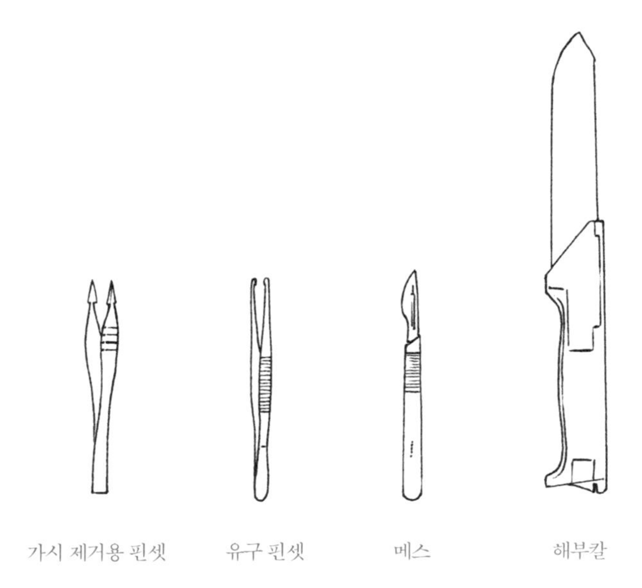

을 보관할 작은 지퍼백을 준비하고 봉투 표면에 방금 등록한 표본 인수 번호를 써넣는다.

도구 준비가 끝나면 방으로 돌아와 책장에 나란히 꽂혀 있는 스케치북을 꺼낸다. 과거의 해부 기록을 훌훌 넘겨 보며 해야 할 작업과 신경 쓰이는 부분을 대강 확인한다. 그러고 보니 카메라 배터리는 다 충전해 놨던가? 책상 옆에 놓여 있는 카메라 케이스에서 배터리를 뽑아 충전기에 꽂는다.

그러곤 박물관 화장실에서 항상 착용하는 해부용 운동복으로 갈아입는다. 소매가 긴 의사 가운은 웅크렸을 때 바닥에 흐르는 피를 흡수해 더러워지므로 입지 않는다. 오염된 부분이 눈에 띄지 않도록 주로 새카만 운동복을 입는다. 해부실은 춥기 때문에 최근에는 등산용 방한구를 애용하고 있다.

자, 이제 준비가 끝났다. 기린 사체가 도착할 때까지 안절부절못하며 기다릴 일만 남았다. 이 시간은 언제나 흥분과 긴장과 불안이 뒤섞여 마음이 복잡해진다.

1단계: 사체 반입

연구실 전화가 울린다. 해부 책임자인 교수님이다. 교수님은 "15분 정도 있다가 도착하니까 준비 부탁하네."라고 용건만 간단히 전하시고는 바로 전화를 끊으셨다.

기린 해부는 주로 대학 시설이나 박물관 뒤뜰에서 많이 한다. 지금까지 해 온 기린 해부 중 약 3분의 1은 내가 대학 시절을 보낸 도쿄대 종합연구박물관의 작업실에서 이루어졌고, 나머지 3분의 2는 다른 박물관 등에서 이루어졌다.

기린의 사체는 트럭에 실려 온다. 도쿄 밖에 있는 동물원에서 기증했을 때는 당연히 고속도로로 운반돼 온다. 먼 곳의 동물원에서 올 때는 트럭 운전사가 휴게소에서 쉬다가 오기도 한다. 기린을 실은 트럭이 고속도로를 달리다 휴게소 주차장에서 쉬고 있다고 대체 누가 상상이나 할까.

'이번에도 사고 없이 무사히 도착해서 다행이다.'라는 생각을 하며 기다리고 있으면 새파란 차체에 새빨간 크레인을 탑재한 대형 트럭이 이곳을 향해 오는 것이 보인다. 오랫동안 사체 운송을 맡기고 있는 업체(물론 본업이 사체 운송은 아니다)의 트럭이다. 사람 눈에 잘 띄지 않는 건물 뒤쪽에 트럭을 세우고 짐칸의 푸른 시트를 젖히면 기린의 사체가 드러난다.

업체 아저씨가 익숙한 손놀림으로 기린의 사체에 와이어를 감고 트럭에 탑재된 크레인으로 사체를 내린다. 기린의 긴 다리, 긴 목, 머리, 몸통……. 수송을 위해 몇 개의 부위로 나뉜 사체를 트럭에서 내리고 손수레에 실어 해부실로 가지고 간다. 일련의 과정 중 가장 체력을 많이 소모하는 일이 바로 사체를 들여오는 작업이다.

아까 설명한 대로 다 자란 기린의 키는 4~5미터 정도다. 다 자란 기린 한 마리의 사체를 눕히는 데 필요한 공간은 대략 20제곱미터로 약간 넓은 원룸 크기다. 목이나 사지만 해부한다면 더 작은 공간에서도 작업할 수 있다.

기린 사체는 수컷이 약 1,200킬로그램, 암컷은 약 800킬로그램으로 차 한 대 정도 무게다. 혼자서 기린 사체를 옮기기는 어렵지만, 여러 명이 달라붙으면 밀거나 당겨서 옮길 수 있다. 기린 사체를 들여온 다음 날은 등과 팔 근육이 비명을 지르는 것을 각오해야 한다.

2단계: 해부

여러 명이 합세해 기린 목을 해부대 위에 놓는다. 다 자란 기린의 평균 목 길이는 약 2미터, 무게는 100~150킬로그램 정도다. 머리 무게가 30킬로그램 정도이므로 머리를 포함한 무게는 대략 130~180킬로그램. 스모 챔피언이었던 하쿠호쇼白鵬関(키 192센티미터, 몸무게 155킬로그램)와 거의 비슷한 크기다.

수컷 기린은 암컷을 두고 경쟁할 때 서로 목을 부딪치는 '네킹necking'이라는 행동을 한다고 알려져 있는데, 마치 씨름 선수가 시합을 시작하기 위해 일어서며 하는 샅바 싸움이 연상된다. 아쉽게도 나는 씨름 선수와 샅바 싸움을 할 기회가 없었으므로 상상밖에 할 수 없지만, 틀림없이 목에 큰 충격이 가해질 것이다. '웬만해선 목이 부러지지 않는군.'이라고 감탄하게 된다.

사체 사진을 기록용으로 여러 장 찍은 뒤 카메라를 내려놓고 해부칼을 손에 쥔다. 드디어 시작이다. 방금 날을 갈아 둔 해부칼을 신중하게 사체에 대고 피부를 절개해 나간다. 부위에 따라 눌려 있던 새빨간 근육이 피부 절개면 틈으로 솟아오르기도 한다. 귀중한 근육에 상처가 나지 않도록 신중하게 전신의 피부를 벗겨 낸다.

박피가 끝나면 해부칼에서 메스와 핀셋으로 바꿔 쥐고 지방 등의 피하 조직이나 두꺼운 근막을 조심스레 제거해 나간다. 감춰져 있던 복잡한 근육 구조가 서서히 모습을 드러낸다. 근육이 어느 방향으로 부착되는지를 확인하고 일단 메스를 내려놓는다. 다시 사진을 촬영하고 나서 연필을 쥐고 스케치북을 펼친다.

이번엔 무엇을 발견할 수 있을까? 이번에야말로 전에 해명하지 못한 수수께끼를 밝혀낼 수 있을까? 수많은 해부에도 변하지 않는 기대와 불안을 안고서 눈앞의 사체로 향한다. 기린 몸속에 숨겨진 수수께끼에 도전하는 것이 내 일이다.

3단계: 골격 표본 제작

해부를 끝냈다면 마지막으로 골격 표본 제작에 착수한다. 골격 표본은 몇 가지 제작 방법이 있는데, 가장 간단한 방법은 땅에 묻어 썩히거나 물에 담그는 일이다. 일반적으로 가정에

서도 가능한 이 방법은 뼈에 붙은 살점을 제거하기가 손쉽다.

땅이나 물에 서식하는 미생물이 먹고 번식하기를 반복하면 부패가 진행돼 뼈만 남기고 살점이 잘 떨어져 나간다. 쉽기는 해도 시간이 많이 걸리는 단점이 있다. 그 외에는 냄비에 삶아 살점을 떼어 내는 것 정도다. 구더기나 곤충이 살을 뜯어 먹도록 하면서 동시에 부패가 진행되도록 하는 방법도 있다. 나는 기린 골격 표본을 만들 때 냄비로 삶는 방식을 사용한다. 물론 일반적인 가정용 냄비가 아니다. '쇄골기曬骨機' 라고 부르는 길이 2미터, 높이 1미터, 폭 1미터 정도의 거대한 용기를 사용해 골격 표본을 만든다.

피부와 근육을 도려낸 기린 사체를 이 쇄골기라는 큰 용기 안에 넣고 75도로 2~3주 정도 푹 삶는다. 그러면 뼈 주변에 붙어 있던 근육과 힘줄이 완전히 풀어져, 물로 헹구면 손쉽게 떨어진다. 뼈가 붙은 고기를 냄비에 넣고 푹 삶으면 부드러워진 고기가 뼈에서 술술 떨어지는 것과 마찬가지다. 냄비에서 뼈를 꺼내 남은 고기 조각과 기름을 물로 씻어 낸 후 건조하면 깨끗한 골격 표본이 완성된다.

골격 표본의 제작 난이도는 동물에 따라 크게 다르다. 기린의 골격 표본을 만들어 본 적 있는 사람이라면 다들 동의하겠지만, 기린은 깨끗한 골격 표본을 만들기 쉬운 동물이다. 기린은 몸에 축적된 기름이 적은 데다, 뼈에서 기름이 쉽게 빠져나오기 때문이다.

예를 들어 바닷속에서 생활하는 고래나 바다표범 종류는 체온을 유지하기 위해 대량의 피하지방을 몸에 두르고 있다. 이런 동물은 냄비로 푹 삶아도 뼈에서 기름이 완전히 빠지지 않고 표면으로 배어 나와 살짝 갈색빛을 띠게 된다. 이 상태

그대로 골격 표본을 봉투에 담아 밀폐하면 스며 나온 기름으로 뼈 표면에 곰팡이가 발생하기도 한다. 깨끗한 골격 표본을 만들려면 약품을 사용하거나 오랜 기간 물에 담그는 등 적절한 방법을 궁리해야 한다.

아프리카에 서식하는 기린은 지방이 극히 적어 기름과의 전쟁은 거의 없는 것이나 마찬가지다. 그래서 깨끗한 크림색을 띤 아름다운 골격 표본을 손쉽게 만들 수 있다. 이런 사정을 모르는 연구실 후배에게 "군지 선배는 골격 표본을 참 잘 만드시네요."라는 존경 어린 말을 자주 듣는데, 대단한 건 내가 아니라 기린이다. 표본을 만들기 쉬운 것도 기린의 좋은 점이다.

재밌는 읽을거리

기린이라는 이름의 유래

기린

기린

누가 이름 붙였을까?

방울이 울리는 것처럼

별이 내리는 것처럼

일요일 해가 뜨는 것처럼

(후략)

《마도 미치오まど みちお 시 전집》 중에서

동요 〈코끼리 씨〉의 작사가로 유명한 마도 미치오 선생의 작품 중에는 기린에 대한 시가 아홉 편이나 있는데, 위 작품은 그중 하나입니다.

마도 미치오 선생은 틀림없이 기린이라는 이름이 몹시 마음에 들었을 것입니다. 저도 기린이란 이름을 너무 좋아합니다. 기품 있고 늠름한 분위기에 어린이도 발음하기 쉽고 읊조리고 있으면 어쩐지 기분이 좋아집니다. 마치 '방울이 울리는 것처럼, 별이 내리는 것처럼, 일요일 해가 뜨는 것처럼' 마음을 들뜨게 하는 단어입니다.

코끼리나 낙타, 판다, 고래 같은 다른 인기 동물과 달리 탁음(일본어 음절 중 탁점을 찍어 나타내는 음으로 '가, 자, 다, 바, 파' 등이 있다. 탁점을 찍지 않으면 청음이라고 한다-옮긴이 주)이 들어가지 않아서 산뜻하고 좋습니다. 제 이름 '군지 메구ぐんじめぐ'는 탁음이 많아서 깨끗한 느낌과는 거리가 멉니다. 청음으로만 이루어진 이름에 대한 동경도 있어서 그런지 '기린'이라는 이름은 한층 더 마음에 듭니다. 그럼 이 멋진 이름은 도대체 누가 붙인 것일까요?

기린이라는 이름의 유래는 고대 중국 신화에 출현한, 전설 속의 상서로운 동물인 '기린麒麟'입니다. 맥주 상표로도 친숙한 그 동물입니다.

중국 신화의 세계에서 기린은 "자애로운 왕이 세상을 지배할 때 반드시 모습을 드러낸다."라고 전해집니다. 미간에 주름이 잡힌 무서운 외모와 달리 평화를 좋아하는 온화한 성격의, 길조로 통하는 신성한 동물입니다.

일본이나 한국에서는 목이 긴 동물을 '기린'이라고 부르지만, 기린의 발상지인 중국에서는 '장친루(長頸鹿, 목이 긴 사슴

이라는 뜻-옮긴이 주)'라고 부릅니다. 사실 중국에서 동물 기린을 '기린'이라고 부른 것을 정확히 확인할 수 있는 사례는 단 한 번뿐입니다.

명나라(1368~1644년) 시대, 아프리카로 원정을 떠난 장군 정화鄭和(1371~1433, 환관 출신으로 영락제의 신임을 얻어 내관태감이라는 자리까지 오른 인물. 1405년 대함대를 이끌고 동남아시아와 인도, 중동, 아프리카까지 7차에 거쳐 17년 동안 대원정을 다녀왔다-옮긴이 주)는 케냐에서 기린을 데리고 돌아와 주군인 영락제에게 "이것이 기린입니다."라며 진상했다고 합니다. "폐하의 선정 덕에 기린이 나타났습니다."라고 아첨한 것입니다.

이때의 기록을 읽은 에도 시대(1603~1867년)의 난학蘭学(네덜란드를 통해 전해진 지식을 연구한 학문-옮긴이 주)자 가쓰라가와 호슈 구니아키라桂川甫周 国瑞는 진상한 동물을 묘사한 기록을 해독해 "양서에 적힌 '지라프giraffe'라는 동물과 여기 기록된 '기린'은 같은 동물이다."라고 짐작했습니다. 일본에서 처음으로 그 동물을 기린이라고 부른 순간입니다.

덧붙이자면 호슈는 일본 최초의 서양 책 완역본으로 유명한 《해체신서解体新書》를 번역한 인물 중 하나였습니다. 의사 집안에서 태어나 스웨덴의 의학자에게 외과술을 배운 그는 일본 최초의 목조 인체 머리 모형을 제작하고 일본 최초로 현미경을 의학적으로 이용하는 등 에도 시대의 의학 발전에 밑거름이 된 인물입니다. 그가 해부 현장에 입회했는지 아닌지는 설이 분분하지만, 해부학자라 불러도 손색없는 경력과 지식을 지녔다고 할 수 있습니다.

그리고 놀랍게도 최초로 기린을 그린 일본인으로 추정됩니다. 1789년경, 폴란드의 박물학자가 쓴 책 속에 그려진 '지라프'의 그림을 참고로 기린 그림을 그렸다고 합니다.

호슈는 진짜 기린을 보지는 못했을 것입니다. 실제로 그의 그림 속 기린은 진짜 기린과는 거리가 먼 물방울무늬를 하고 있고, 실물보다 훨씬 짧은 팔다리가 불균형하게 그려져 있습니다. 그러니 그가 기린을 실제로 본 적이 없었다는 주장이 나오는 것도 이해할 만합니다.

다만 개인적으로는 폴란드 연구자의 그림보다 몸통을 짧게 그린 호슈의 그림이 실물 기린과 더 비슷하다고 봅니다. 폴란드 연구자의 그림은 말 같은 모습을 하고 있어서 대다수의 사람들이 기린인지 알 수 없을 테지만, 호슈의 그림을 보면 확실히 기린임을 알 수 있습니다. 기린이라는 동물을 본 적 없는 사람이 그린 것 치고는 훌륭합니다. 적어도 제가 어렸을 때 그린 기린보다는 훨씬 잘 그렸습니다.

기린이라는 이름의 기원에 《해체신서》와 인연이 깊은 해부학자가 관련돼 있다니. 에도 시대에도 해부학에 조예가 깊은 인물은 기린에 마음이 끌렸던 것입니다. 기린 해부학자로서 감회가 남다릅니다.

호슈가 200년만 늦게 태어났다면, 틀림없이 지금쯤 저와 함께 기린을 해부하고 있었을 것입니다.

제2장

기린 연구자의 길로 들어서다

기린을 좋아하던 소녀

기린이 좋다.

기린과의 첫 만남이나 기린을 좋아한다는 사실을 처음 깨달은 순간은 잘 기억나지 않는다. 그저 한 살 반 무렵 사진관에서 찍은 기념사진에는 두 마리의 기린 인형에 둘러싸인 내 모습이 있을 뿐이다. 세 살 무렵 처음으로 동물원에 갔을 때는 기린 우리 앞에서 한참 동안 움직이지 않았다고 한다. 그러고 보니 나무로 만든 작은 기린 장난감도 가지고 있었다. 유치원 시절 그림 속에는 몹시 서툰 솜씨로 그린 기린이 있다.

전부 기억이 안 날 정도로 어린 시절의 이야기라 도대체 기린의 어떤 점에 그렇게 끌린 것인지는 나 자신도 전혀 알지 못한다.

철이 들 무렵부터는 TV에서 방영하는 동물 다큐멘터리 〈살아 있는 지구 기행生きもの地球紀行〉을 자주 시청했고, 동물의 행동이나 진화에 관해 관심이 있었다. 그래서 진화의 상징이라고도 말할 수 있는 기린이라는 존재에 강하게 끌렸는지 모른다. 커다란 동물에 대한 동경도 있었던 것 같다. 아무튼 유년기의 나는 기린에 사로잡혀 있었다.

어렸을 때부터 기린이 좋았다고 해도 유년기부터 쭉 기린 연구자를 꿈꾼 것은 아니다. 중·고등학교 시절은 동아리 활동이나 공부하는 재미에 빠져 기린을 무척 좋아했다는 사실을 머리 한구석으로 치워 버렸을 정도다. 이따금 혼자 훌쩍 동물원으로 놀러 가기는 했지만, 열광적으로 기린을 찾아 다니지는 않았다.

전환점은 열여덟 살의 봄에 찾아왔다. 1지망이었던 도쿄대에 입학해 들떠 있던 나는 4월의 절반을 친구와 함께 대학에서 주최한 '생명과학 심포지엄'을 들으러 다녔다. 친구는 연구자가 되고 싶다고 말하며 연단에 오른 발표자들의 이야기에 귀를 기울였다.

나보다 훨씬 뛰어난 친구가 연구자가 되려고 행동하기 시작하는 모습을 지켜보며 처음으로 '장래의 꿈을 실현하기 위

한 살 반 무렵의 나(왼쪽)와 세 살 무렵 그린 그림. 기념사진 속 기린 인형은 사진관에 있던 것으로, 내가 직접 골랐다고 한다. 세 살 무렵에 그린 기린 그림은 이유는 모르겠지만 세로줄 무늬로 그려져 있다. 오른쪽 위에는 UFO가 있다.

해 행동을 개시할 시기인 건가.' 하고 느꼈다. 그와 동시에 4년 동안의 대학 생활을 통해 앞으로 40년이 넘는 오랜 시간을 함께할 직업을 선택해야 한다는 사실을 깨달았다.

나는 대체 어떤 일을 하고 싶은 걸까? 심포지엄이 한창일 때 막연히 이런 생각이 들었다. 눈을 반짝이며 신나게 자신의 연구 성과를 발표하는 사람들을 보고 있으니 '인생의 대부분을 일로 소비할 거라면 이 사람들처럼 평생 즐길 수 있는, 내가 아주 좋아하는 일을 직업으로 삼고 싶다.'라는 생각이 들었다.

그럼 평생 즐거운 일이란 뭘까? 힘들어도 계속 즐기며 좋아할 수 있는 것이 과연 있을까? 미래의 내 모습을 상상해 보려고 해도 이미지가 잘 떠오르지 않았다.

그렇다면 발상을 전환해 보자. 그렇게 마음먹고 일단 '태어나면서부터 지금까지 쭉 좋아한 것'을 떠올려 보았다. 철이 들 무렵부터 15년 정도 쭉 좋아했던 것이라면 앞으로도 계속 좋아할 수 있지 않을까?

답은 금방 나왔다. 동물이다. 도쿄에서 태어나고 자랐기 때문에 대자연 속에서 동물을 쫓아다니는 유소년기는 보내지 않았지만, 언제나 가까이에는 여러 동물이 있었다. 개구리 알을 채집해 와서 부화시키거나 나비나 장수풍뎅이를 키우고, 붙잡은 도마뱀이 낳은 알을 부화시켜 다 클 때까지 사육하기도 했다. 햄스터나 문조, 개도 키웠다.

동물을 특집으로 한 TV 방송은 빼놓지 않고 시청했으며 동물원도 정말 좋아했다. '동물을 연구할 수 있다면 즐거울 거야.' 하고 생각하니 문득 어떤 기억이 떠올랐다. '그러고 보

니 나는 동물 중에서도 특히 기린을 좋아했지.'

기린 연구자를 꿈꾸며

옛날부터 기린의 신기한 외모나 온화한 분위기가 무척 마음에 들었다. 동물원에서는 몇 시간이고 볼 수 있었다. 누구나 한 번은 본 적 있는 유명한 동물로 '진화의 상징'이라고 말할 수 있는 존재. 그렇다면 연구 대상으로도 더할 나위 없이 좋지 않을까. 한 번 그런 생각이 드니 기린 이외의 연구 대상은 생각조차 할 수가 없었다.

'그래. 기린을 연구하자. 틀림없이 즐거운 인생을 보낼 수 있을 거야.' 이렇게 굳은 결의를 다지긴 했지만, 어떻게 해야 기린을 연구할 수 있는지는 도무지 짐작조차 할 수 없었다. 대학교 1학년생에 불과한 나는 연구가 어떤 것인지도 알지 못했다.

그러나 여긴 천하의 도쿄대니까 어떻게 해야 기린을 연구할 수 있는지 가르쳐 줄 교수님이 틀림없이 있을 터였다. 학교 안에는 다양한 전문 분야에서 활동하는 교수님들이 있었고 외부 연구자를 초청한 세미나나 심포지엄도 빈번히 개최되고 있었다. 수업 사이사이 짬을 내서 행사에 출석해 생리학, 행동학, 발생학, 생태학, 고생물학 등 다양한 분야의 전문가에게 이야기를 듣기로 했다. 당시는 기린의 행동 연구에 막연한 흥미가 있어서 행동학 교수님들에게 특히 많은 이야기를 들었다.

그러나 때는 이미 2008년, 생물학계의 주류는 분자생물학이었다. 대장균이나 초파리, 생쥐 등의 실험동물을 이용한 유전자와 단백질의 기능 조사를 통해 마이크로 크기 단계에서 생명 현상을 이해하려는 연구가 성행했다. 동물을 한 개체 혹은 군집 단위로 다루는 거시적인 시점의 연구는 한풀 꺾인 상태였다.

사슴이나 원숭이, 멧돼지, 곰 등 농작물에 피해를 주는 야생동물의 행동이나 생태를 조사하는 연구실은 있었지만, 아쉽게도 일본에는 인간 생활에 영향을 미치는 야생 기린은 없었다. "기린을 연구할 수 있습니다."라는 식으로 선전하는 연구실이나 교원은 전혀 없었다.

'다른 방법이 없어. 지금 당장 기린을 연구할 수 없을지도 모르지만, 일단 행동학이나 생리학을 전공으로 삼아 번듯한 연구자가 되자. 그러면 머지않아 기린 연구까지 도달할 수 있을 거야. 언젠가 그때가 오면 기회를 잡을 수 있도록 지금부터 착실히 준비하자.'

자신을 이렇게 타이른 나는 '수행'하는 마음으로 행동학 연구실을 출입하면서 대학교 1학년의 여름을 보내기로 했다.

해부학 교수님을 만나다

뜻밖에도 기회는 바로 찾아왔다.

입학하고 반년이 지난 2008년 가을, 가을 학기 수강 신청을 하려고 집에서 두꺼운 강의계획서를 팔랑팔랑 넘기고 있으니, '박물관과 사체'라는 불길한 이름의 전 학부 대상 세미나가 눈에 띄었다.

전 학부 대상 세미나란 1·2학년을 대상으로 하는 소수 위주의 세미나 형식의 수업이다. 그런데 기재되어 있는 담당교수의 이름이 낯익었다. 대학에 입학하기 얼마 전에 본, TV의 한 교양 예능 프로그램에 출연한 엔도 히데키遠藤秀紀 교수였다.

엔도 히데키 교수는 동물원에서 다양한 동물 사체를 인수해 해부해서 몸속에 숨은 진화의 수수께끼를 해명하고 계신 분이다. '해부남'을 자칭하며, 방송에서는 개미핥기의 턱 사용법이나 판다의 손 구조에 대해 이야기하셨다.

방영 당시에는 교토대학에 소속돼 계셨을 텐데, 내 입학과 같은 시기에 도쿄대로 전근 오신 듯했다. 나는 이 교수님 밑에서라면 기린 연구를 할 수 있을지도 모른다는 생각을 안고 세미나 설명회로 향했다.

설명회는 대학 캠퍼스 한쪽 구석에 있는 작은 교실에서 이루어졌다. 맑게 갠 10월, 해 질 녘의 강한 석양이 교실로 쏟아져 들어오던 풍경이 또렷이 기억난다. 설명회 개시 시간 몇 분 전에 도착하니 교실에는 이미 스무 명 정도의 학생이 제각각 앉아 있었다. 시간이 되자 TV에서 본 모습 그대로의 엔도 교수님이 나타나 숨 돌릴 틈도 없이 박물관, 해부, 표본 수집에 대한 설명을 단번에 이어가셨다.

마지막으로 교수님은 "지금은 사람이 너무 많아서 우리 해부실에 다 못 들어가니까, 지원자를 다 받을 수는 없습니다. 1회 차, 2회 차로 스무 명을 두 반으로 나눠도 되지만, 모처럼이니까 인원을 줄이는 게 좋겠어요. 소수 정예로 갑시다. 종이를 나눠 줄 테니 오늘 여기 왜 왔는지, 왜 이 강의를 들으려고 했는지, 자유롭게 써 주세요. 내용을 보고 수강생을 선정하려 합니다."라고 말씀하시고는 종이를 나눠 주기 시작하셨다.

건네받은 새하얀 종이에 장황하게 내 주장을 펼칠까 했지만, 결국 한 줄로 간결하게 이렇게 적었다.

"기린 연구를 하고 싶습니다."

동물 사체와의 첫 만남

며칠 뒤, 엔도 교수님에게 세미나 수강생으로 선발됐다는 메일이 왔다. 집합 시간, 장소, 준비물 등이 적힌 메일의 말미에는 "곧 마다가스카르로 조사를 떠나 2주 정도 있을 예정이라 당분간 연락이 어려울지도 모르지만, 걱정 말고 당일에 봅시다."라는 정말이지 대학교수다운 말이 적혀 있었다.

개강일에 약속 장소인 도쿄대 종합연구박물관을 방문하니, 이미 엔도 교수님이 입구에서 기다리고 계셨다. 세미나 멤버는 전부 10명으로 줄어 있었다. 수의학부 진학이 결정된 학생에서 인문학부 학생까지 폭넓은 분야의 학생들이 뽑혀 있었다.

박물관 화장실에서 더러워져도 괜찮은 복장으로 갈아입은 뒤, 교수님을 따라 박물관 지하로 향했다. '바로 해부를 하려나 보다. 대체 뭘 해부하는 걸까?' 기대와 불안이 가슴에 퍼졌다. 지금까지 물고기나 개구리를 해부해 보긴 했지만, 포유류를 해부한 적은 없었다. '속이 울렁거리지 않으려나? 냄새는 어떤 느낌일까? 피가 많이 나올까? 불쌍해서 해부를 못 할지도 몰라.'

이런저런 생각을 하면서 해부실에 들어가니 새하얀 트레이 위에 누운 코알라가 눈에 들어왔다. 옆에는 바다표범처럼 보이는 동물의 갓 자른 목이 있었고 오소리, 일본원숭이, 오골계도 놓여 있었다.

고무장갑을 끼고 코알라를 살짝 만져 본다. 귀엽다. 죽어 있으므로 당연히 움직이지도 않고 온기도 없다. 하지만 역시 귀엽긴 귀엽다.

'어떻게 나무에 매달려 있는 걸까?'라고 생각하며 손이나 발을 잡고 움직여 본다. 이런 행동은 살아 있는 코알라를 상대로는 절대 할 수 없다. 사체니까 할 수 있는 행동이다. 손을 대고 움직이니까 근육이나 골격이 어떻게 이루어져 있는지 궁금해졌다. 결심한 뒤 메스를 쥐고 피부를 조금씩 벗겨 나갔다. 문득 주위를 둘러보니 다른 수강생들도 주뼛거리며 해부를 시작하고 있었다.

사인 조사를 위한 해부를 할 때 내장을 꺼냈기 때문인지 생각보다 피는 많이 나지 않았다. 탐스런 털로 덮인 가죽 아래 칙칙한 적색 근육이 보였다. 몇 개의 근육 다발이 층층이 포개져 있는 것이 보였다. '도대체 어떤 이름의 근육일까. 어떤 역할을 할까.'

한번 해부를 시작하니, 그전의 불안한 마음 따위는 깨끗이 날아가 버리고 어느새 열중하고 있었다. 혐오감이나 죄책감은 전혀 들지 않았다. 해부하는 동물들은 질병이나 사고로 죽거나 수명이 다해 죽은 것들이었고, 해부를 하기 위해 일부러 죽인 것이 아니라는 점이 죄책감이 들지 않게 하는 원인 중 하나였을지도 모른다. 어쩌면 너무나 자극적이라 혐오를 느낄 여유가 없었을지도 모른다.

지적 호기심이 자극되고 채워져 가는 좋은 기분이 머릿속 가득 퍼져 나갔다. 해부를 하면 할수록 그 동물이 점점 좋아졌다.

드디어 기린 해부의 기회를 잡다

해부 전에 엔도 교수님이 가르쳐 주신 단 한 가지는 메스를 쥐는 법뿐이었다. 아무 지식도 없는 상태에서 일단 자유롭게 느껴보라는 방침이었다. 사전에 다양한 정보를 가르쳐 주는 보통 강의와는 전혀 다른 방식이었지만, 머리뿐만 아니라 오감을 총동원해 배우는 경험은 처음이라 강렬한 인상이 남았다.

폭신폭신하고 북슬북슬한 코알라는 상상보다 훨씬 골격이 날씬하다는 사실. 바이칼물범의 안구는 탁구공과 비슷한 크기로, 사람 안구의 2배에 가깝다는 사실. 일본원숭이의 내장에서는 신 냄새가 강하게 난다는 사실. 오골계는 깃털뿐 아니라 뼈까지 검다는 사실.

그날, 나는 일상생활에서는 도저히 알 수 없을 법한 것들을 잔뜩 발견했다. 그리고 무엇보다 처음으로 해부에 재미를 느꼈다. 해부라면, 내가 원하는 만큼 꼼꼼히 관찰할 수 있고 원하는 부위를 만질 수 있었다. 비일상적인 자극에 두근거림이 가라앉지 않았다. '기린 해부를 해 보고 싶다.' 그런 욕구가 마음 밑바닥에서 용솟음치는 것을 느꼈다.

휴식 시간에 교수님이 타 주신 차를 마시면서 "기린 연구를 하고 싶어요."라고 뜻을 전해 보았다. 지금까지 수많은 교수님에게 같은 뜻을 전했고 그때마다 "기린 연구는 바로 하기 어려울 텐데."라거나 "내 연구실에서는 힘들 것 같네."라거나 "연구자로서 자립한 뒤에 도전해 보는 건 어떤가?'라는 대답을 들어 왔다. 이번에도 그렇게 말씀하시는 것 아닐까.

교수님은 긴장하고 있는 내 쪽을 보고 웃는 얼굴로 시원스럽게 대답하셨다. "기린? 기린 사체는 제법 빈번히 들어오니까 해부할 기회가 많지. 연구할 수 있지 않을까? 기회가 생기면 연락해 주겠네."

너무나 간단히 "할 수 있어."라고 말씀하셔서 맥이 빠져 버렸다. 그렇다. 나도 기린 연구를 할 수 있다. 기린 사체가 빈번히 들어온다는 말은 농담이겠지만, 기린 연구자로 가는 길이 보이는 듯했다.

그리고 엔도 교수님과 만난 지 2개월 정도 지난 어느 날. 겨울방학을 목전에 둔 2008년 12월 22일. 생각보다 훨씬 빨리 그 순간이 찾아왔다. 오전 수업이 끝나 점심을 먹으러 교실을 나갔을 때, 엔도 교수님으로부터 한 통의 메일이 도착했다.

"세미나 수강생 여러분, 엔도 교수입니다. 계획에 없던 기회가 생겼습니다. 효고兵庫동물원의 기린이 죽어서 오늘 밤

안으로 종합연구박물관으로 옮길 예정입니다. 예정대로라면 23일 낮부터 지하에서 작업을 시작할 테니, 시간 있으신 분은 단단히 각오하고 기다려 주세요. 엔도."

이 메일은 내 생애 최초의 기린 '해체'로 이어졌다.

첫 기린 '나쓰코'

그 기린의 이름은 '나쓰코'. 고베시립왕자동물원에서 사육하던 암컷 마사이기린이었다. 당시의 나보다 일곱 살이나 연상인 26살의 훌륭한 어른 기린이었다.

사실은 이 기린의 이름이나 나이에 대해서는 상당한 시간이 흐른 뒤 다시 조사해 보고 알았다. 당시의 나는 기린 해체에 참여할 수 있다는 기대감에 푹 빠져, 기린의 이름이나 나이까지 마음 쓸 여유가 없었다. 무엇보다 그때는 틀림없이 이것이 최초이자 최후의 경험일 것이라 생각했다. 설마 그 후로 10년 동안 30마리가 넘는 기린을 해부하리라고는 꿈에도 생각하지 못했다.

지금까지 기린 외에도 코끼리나 코뿔소 등 다양한 동물을 해부해 왔지만, 나보다 연상인 동물을 해부할 때는 언제나 특별한 긴장감이 든다. 사체는 언제나 경의를 품고서 대하지만, 상대가 연상일 때는 어쩐지 시험당하는 기분도 들며 송구스러운 감정이 일어난다.

현재 내 나이는 이미 국내 최고령 기린의 나이를 웃돌기 때문에, 앞으로는 더 이상 연상의 기린과 만날 일은 없다. 그렇기에 지금까지 마주한 연상의 기린들에게는 특별한 추억이 있다. 나쓰코는 그중 하나다.

기린을 '해체'하다

첫 기린 해체는 한마디로 자극적이었다.

작업 당일은 휴일이라 대학 안은 한산했다. 연락받은 시간에 맞춰 박물관을 향하니, 뿔 하나와 뿔뿔이 흩어진 기린 사체가 파란 시트에 덮여 가만히 누워 있었다.

"그럼, 군지 학생이 뒷다리의 피부와 근육을 벗겨 줄래요?" 엔도 교수님 연구실의 대학원생 지시에 따라 땅에 누워 있는 내 키보다 큰 다리로 다가갔다. 어디선가 주워 온 듯한 낡은 사물함과 칠판을 이용해 작업하기 쉽도록 즉석 해부대를 만들고 그 위에 기린의 뒷다리를 놓았다. 다리 하나를 들어 올리는 데에도 많은 사람이 덤벼들어야 할 만큼 큰일이었다.

파란 시트 때문에 약간 푸르스름한 기린의 피부를 살짝 쓰다듬어 보았다. 처음 만지는 기린의 다리다. 짧은 털의 감촉이 기분 좋다. 태어나 처음으로 손에 쥔, 날 길이 17센티미터의 해부칼을 다리에 꼭 붙이고 신중하게 피부를 절개해 나갔다.

절개된 피부를 갈고리로 잡아당기면서 넓적다리에서 발굽을 향해 천천히 신중하게 피부를 벗겼다. 그러자 내 팔 두께와 비슷한 정도의 튼튼한 아킬레스건이 보였다. 뼈로 잘못 보일 정도로 두껍고 새하얀 아킬레스건을 절단하자, 뒤꿈치를 당기던 장력이 사라져 뒤꿈치 관절이 느슨해졌다. 조금 전까지 움직이지 않던 뒤꿈치가 쉽사리 구부러졌다. 문득 눈을 들어보니, 옆에서는 어떤 대학원생이 사람 하나가 쏙 들어갈 만한 크기의 몸통에 달라붙어 신중하게 갈비뼈, 즉 늑골을 하나씩 꺼내고 있었다. 저 안쪽에서는 심각한 표정으로 방금 자른 기린의 목을 바라보고 있는 엔도 교수님의 모습이 보였다.

비일상적 경험의 극치라 할 수 있는 상황에 나는 완전히 사로잡히고 말았다. 심장이 쉼없이 두근거렸다. 해체 작업 자체

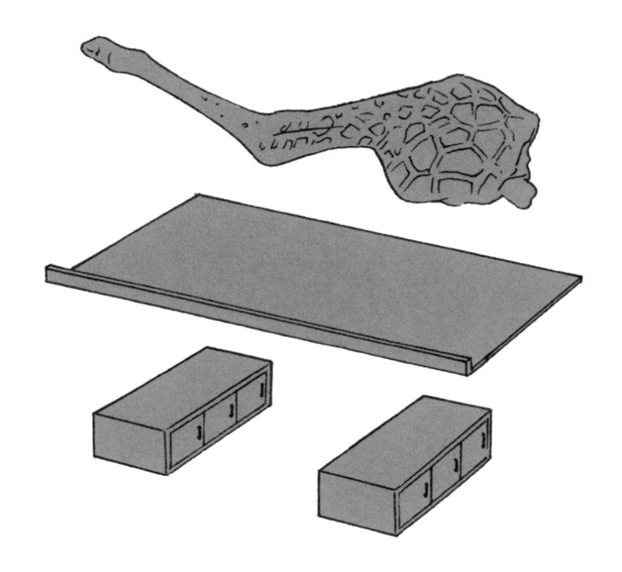

는 하루 만에 끝났지만, 엔도 교수님에게 부탁해 이튿날인 크리스마스이브에도 그다음 날인 크리스마스에도 박물관에서 해체 작업을 할 수 있도록 허가를 받았다. 지금은 그다지 잘 생각나진 않지만, 당시의 사진을 다시 보면 귀 연골을 깨끗하게 적출해 보거나 머리 근육을 관찰하는 등 초보자로서 나름대로 노력한 듯하다.

'해부'와 '해체'의 차이

여기까지 읽고 눈치챈 분도 있겠지만, 내 작업에는 '해부'와 '해체'라는 두 가지 패턴이 있다. '해부'는 꼼꼼히 시간을 들여 근육의 배치나 근섬유가 어디에서 기시起始하고 어디로 부착되는지를 기록하는 작업이다. 연구 자료를 얻을 때는 '해부'를 한다. 한편 '해체'란 참치를 해체하듯 단순히 피부나 근육을 벗기는 작업을 가리킨다. 골격 표본을 만들기 위한 작업이다. '제육除肉(살점을 떼어내는 일)'이라고도 한다.

"오늘은 해부하는 거야?", "아니. 이번에는 보고 싶은 근육이 이미 도려내져 있으니까 해체해야겠지.", "상태가 꽤 좋은 표본을 얻었으니까 이번에는 진득하게 해부할 참이야.", "겨우 해부가 끝났어. 이제 제육만 하면 돼." 등 연구실에서는 이런 대화가 종종 오간다.

앞에서 처음 엔도 교수님을 수업을 들었을 때 코알라나 오골계의 해부를 했다고 적었지만, 사실 그것은 해부가 아니라 해체다. 처음에는 근육 이름도 구조도 모르는 단순한 '해체' 작업이었다.

해체 작업은 뼈만 부수지 않는다면 피부나 근육을 어느 정도 뭉개 놓아도 아무 문제없다. 특히 기린처럼 큰 동물은 초보자가 작업에 참가해도 뼈를 부러뜨리는 등의 실수는 그다지 일어나지 않는다. 몸의 일부를 들어 올리는 것만으로도 중노동이므로 오히려 사람 손이 많을수록 고맙다.

이런 이유로 대학 생활 4년 동안 나는 대형 동물의 해체와 골격 표본 제작을 돕는 보조로 엔도 교수님 연구실에 계속 드나들었다. 그리고 그 과정을 통해 해부학이나 형태학의 기초를 배웠다.

재밌는 읽을거리

나보다 연상인 동물들을 만날 때

기린의 수명은 사육되는 경우에도 20~30년 정도이므로, 저보다 연상이라 해도 대수롭지 않습니다. 제가 지금까지 해부에 입회한 가장 고령의 동물은 이노카시라자연문화원井の頭自然文化園에서 사육하던 아시아코끼리 하나코はなこ입니다. 향년 69세로, 놀랍게도 제 부모님보다 연상이었습니다.

본가가 이노카시라 공원 근처였기 때문에 태어나 처음 본, 살아 있는 코끼리가 하나코였고 생전의 하나코도 몇 번이나 보러 갔습니다. 2016년 5월, 뉴스에서 부고를 봤을 때 가장 먼저 엔도 교수님에게 사체의 행방을 물으러 갔습니다. 사체가 어떻게 될지 파악하지도 않은 채 해부 준비를 시작한 것은 이때뿐입니다.

코끼리 해부는 큰일입니다. 기린은 익숙해지면 혼자서도 해부할 수 있지만, 코끼리 해부는 팀플레이입니다. 혼자서는 코끼리 다리 하나조차 들어 올릴 수 없습니다.

하나코를 해부할 때, 동물원 직원 사이에 섞여 돕고 있었는데, 어느 동물원의 수의사가 제게 "자네, 소질이 있군! 어느 동물원 소속이지?"라고 묻는 바람에 저도 모르게 웃어 버렸습니다. "도쿄대 학생으로, 이게 본업입니다."라고 대답했더니 이번에는 수의사 쪽에서 웃었습니다.

그 후, 하나코의 사체는 골격 표본이 되어 이바라키현茨城県 쓰쿠바 시筑波市에 있는 국립과학박물관의 수장 동에 보관되었습니다. 골격 표본에 부여하는 표본 번호(개체를 식별하는 등록 번호)는 일반적으로 데이터베이스 등록순으로 연속 번호를 발행하는데, 박물관 담당자의 뜻에 따라 하나코의 표본은 마지막 세 자리가 '875(일본어로 발음하면 하나코가 된다-옮긴이 주)'로 된 번호를 받았습니다.

국립과학박물관 수장고에는 코끼리의 골격 표본과 기린의 골격 표본이 나란히 이웃하고 있어서, 기린 표본을 보러 가면 하나코의 표본도 반드시 눈에 들어옵니다. 다른 어떤 표본보다도 생전의 모습을 잘 알고 있는 개체라 그런지 용건이 없어도 다가가 나도 모르게 뼈를 쓰다듬고 맙니다.

하나코의 골격 표본 바로 옆에는 하나코가 우에노동물원上野動物園에서 사육될 때, 함께 지낸 형님뻘 되는 아시아코끼리 '잠보ジャンボ'의 골격 표본이 놓여 있습니다. 하나코의 우에노동물원 시절을 함께한 또 한 마리의 아시아코끼리 '인디라イン

ディラ'의 골격 표본도 국립과학박물관이 소유하고 있지만, 현재는 우에노동물원 본관에 전시하고 있습니다.

하나코는 1954년에 우에노동물원에서 이노카시라자연문화원으로 옮겨와, 2016년에 죽기까지 긴 생애를 혼자서 보냈습니다. 하나코, 잠보, 인디라는 지금 쓰쿠바 시와 우에노로 뿔뿔이 흩어졌지만, 언젠가 세 마리가 다시 한 건물에서 만날 날이 오면 좋겠다고 진심으로 기원합니다.

'연상'은 아닐지 모르겠지만, 또 한 마리 저보다 훨씬 오랜 시간을 살고 있는 매우 중요한 표본이 있습니다. 판지ファンジ라는 이름의 기린 박제입니다. 판지는 1907년 일본에 처음 온 기린으로, 우에노동물원에서 사육되며 많은 사람에게 사랑받은 아이입니다.

1907년 3월 15일. 요코하마항에 도착한 수컷 '판지'와 암컷 '그레이グレー'는 대형 짐수레로 우에노동물원까지 운반되었는데, 일반 공개를 기다리지 못하고 모인 사람들 때문에 앞이 보이지 않을 정도였다고 합니다. 기린을 공개한 해의 우에노동물원 연간 방문자 수는 개원 이래 처음으로 100만 명을 넘었다고 하니, 정말 어마어마한 인기였습니다.

안타깝게도 두 마리의 기린은 1년 만에 연달아 죽어 버려,

박제로 만들어 도쿄제실박물관東京帝室博物館(현 도쿄국립박물관)에서 전시하게 되었습니다. 당시 사진 기록에는 꼿꼿이 서서 목을 앞으로 뻗은 그레이의 박제와 앞다리를 펼쳐 머리를 숙인 형태의 판지 박제가 1층 전시실에 나란히 늘어선 모습이 확실히 드러나 있습니다.

그 후, 판지의 박제는 국립과학박물관의 전신이었던 도쿄박물관으로 양도돼, 지금도 국립과학박물관의 수장 동에 소중히 보관돼 있습니다. 아시아코끼리인 하나코의 골격 표본이 보관돼 있는 곳과 같은 건물입니다. 하나코는 1층, 판지는

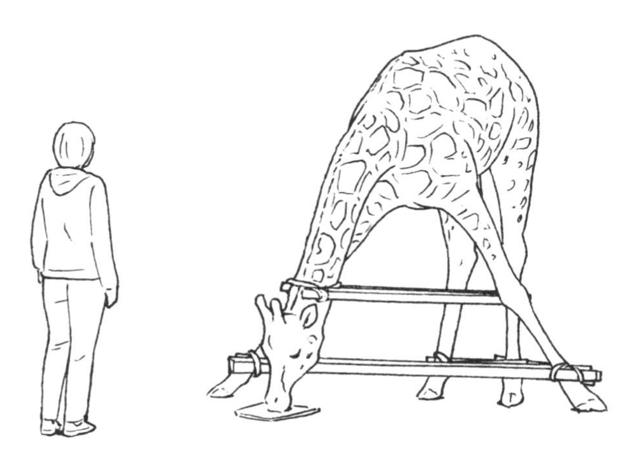

7층에 들어가 있습니다.

똑바로 선 자세의 기린 박제는 많지만, 판지처럼 머리를 숙여 물을 마실 때의 자세로 만들어진 박제는 희귀합니다. 수컷 기린이 더 키가 크므로 전시실의 천장 높이에 맞춰 판지의 머리를 숙일 수밖에 없었던 걸까요?

판지의 박제는 100년도 더 전에 만들어졌기 때문에 피부 일부가 찢어져 속에 넣은 충전재가 노출돼 버렸습니다. 박제에 들어간 인공 눈은 탁한 유리구슬인 듯한데, 살아 있는 기린 눈과는 거리가 멉니다. 주변에 놓인 다른 박제와 비교하면 겉모양으로도 아름답다거나 생생한 모습이라고는 할 수 없습니다. 하지만 전 판지의 박제가 너무 좋습니다. 기린이라는 동물이 시대를 뛰어넘어 많은 사람에게 사랑받아 온 사실을 실감할 수 있기 때문입니다.

저는 국립과학박물관 소속 연구원으로 일하면서 연구가 벽에 부딪혔을 때나 머리가 굳었을 때는 판지 박제를 만나러 가곤 합니다. 100년 전 처음 일본으로 찾아온 기린의 모습은 언제나 제 등을 힘껏 밀어줍니다.

제3장

드디어 기린을 '해부'하다

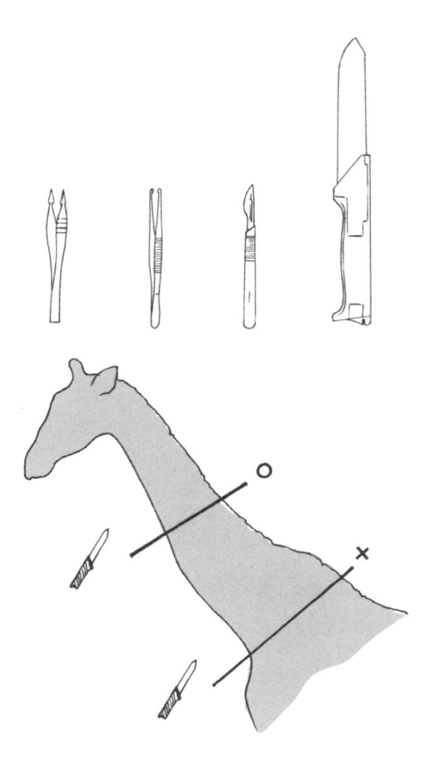

나의 첫 해부 기린 '니나'

2010년 크리스마스 직전, 나는 도쿄대 박물관 해부실에서 기린 목 앞에 망연자실하여 주저앉아 있었다.

춥다. 해부실 온도는 영상 10도 정도였을까. 온도가 높으면 사체가 부패하기 쉬워지므로 한겨울에도 난방은 하지 않는다. 해부'실'이라고는 해도 창고 같은 작은 방으로, 틈새기로 바람이 휭휭 비집고 들어왔다. 등과 배에 손난로를 붙이고 두꺼운 트레이닝복 위에 더러워져도 괜찮은 망토를 두르고 해부실에 누워 있는 기린을 가만히 바라보고 있었다.

눈앞에 있는 것은 시즈오카静岡의 하마마쓰시동물원에서 사육하던 '니나'라는 암컷 기린이다. 니나는 매우 아름다운 기린이었다. 깔끔한 용모는 물론이거니와 무엇보다 또렷한 그물무늬가 예뻤다. 니나는 나에게 세 번째 기린이었다. 그리고 어떤 의미로서는 첫 기린이기도 했다.

니나는 그물무늬기린이었다. 2008년 겨울에 해체한 '나쓰코', 2009년 가을에 해체한 '신페이神平'는 모두 마사이기린이었다. 그런 의미에서 니나는 나의 첫 그물무늬기린이었다.

그물무늬기린은 다각형 얼룩무늬로 이루어진 예쁜 그물무늬가 특징인 기린이다. 동물원에서 사육하는 기린은 대부분 그물무늬기린이라 '기린'이라는 말을 들으면 대개 그물무늬기린을 떠올릴 것이다.

한편 마사이기린은 불규칙한 톱니 모양의 얼룩무늬가 특징인 기린이다. 마사이기린의 거칠고 야성미 넘치는 무늬도 매력적이지만, 그물무늬기린의 가지런하고 선명한 아름다운 무늬는 '이것이 바로 기린'이라는 느낌이 들 정도로 너무 멋지다.

좁은 해부실 안 차가운 은색 해부대에 누워 있는 니나의 사체는 그림책이나 소설 속 한 장면처럼 예술적인 아름다움을 뿜어내고 있었다. 해부대에 흐르는 피와 피부 사이로 들여다보이는 탄탄한 근육은 죽었지만 여전히 강한 생명력을 느끼게 했다. 살아 있지 않아서 오히려 더 강한 생명의 신비가 느껴지는지도 몰랐다.

평소대로라면 해부실은 학생들로 붐벼야 했다. 그런데 좁은 해부실 안에 나 이외엔 아무도 없었다. 나와 니나의 목뿐이었다. 여럿이 하는 해체 작업은 이미 끝나 있었다. 이번에는 '해체'가 아니라 '해부'를 하는 것이었다.

그렇다. 니나는 내가 처음으로 '해부'한 추억의 기린이다.

'해체'에서 '해부'로

"사체 상태가 매우 좋은데, 기린 연구를 해 보고 싶다면 이번에는 해체가 아니라 해부를 해 보는 건 어떤가?"

엔도 교수님이 이런 제안을 하신 것은 평소처럼 다 같이 기린 사체를 해부실로 옮기고 있을 때였다. 당시는 연구실의 심부름 요원으로 다양한 동물 해체 현장에 참가했지만, 해부에 도전한 적은 없었다. 근육 이름도 제대로 외우지 못했기 때문에 제대로 해부할 수 있을지 자신이 전혀 없었다.

원래 해체는 근육이 많은 몸통 주변이나 사지 뼈에서 살점을 제거하는 것이 주요 작업이다. 근육이 적은 목 주변은 피부를 벗긴 뒤, 근육을 많이 도려내지 않고 쇄골기에 던져 넣어 고기째 푹 삶아 버리는 일이 많다. 그래서 당시의 나는 목뼈의 살점도 제거해 본 적이 없었다. 머리에서 목의 기저부(뿌리)까지 하나로 연결돼 있고 가죽도 붙은 채였다. 동물원에서 이루어진 부검으로 목구멍 부근이 절개돼 있었지만, 그 이상은 거의 상처가 없었다.

'해부'는 당시의 나에게 동경의 단어였다. '해부'와 '해체'는 비슷한 듯 다르다. 그저 적당히 고기를 도려낼 뿐인 '해체'라면 정답도 오답도 없다. 지식도 기술도 필요 없다. 한편 해부에는 지식과 기술이 필수다. 몸 구조가 머릿속에 들어 있지 않으면 해부할 수 없다.

해부를 동경한 이유는 늘 해부를 하는 주위 대학원생들의 해체 작업 결과가 매우 깔끔해서였다. 같은 작업이라도 해부를 할 수 있는 사람이 해체한 것과 그렇지 않은 사람이 해체한 것은 사체 상태가 전혀 달랐다.

해부를 할 수 있는 사람은 근육의 구조가 머릿속에 들어 있기 때문에 어디서 근육을 절단하면 좋을지 안다. 적절한 위치에서 근육을 떼어낼 수 있기 때문에 해체 작업 후의 뼈에는 근육이 거의 붙어 있지 않은 매우 깨끗한 상태가 된다.

해부를 못 하는 사람은 적당히 고기를 도려내기 때문에 작업 후의 뼈에는 핀셋으로도 집을 수 없을 만큼 자잘한 근육

파편이 남아 버린다. 마지막에는 냄비에서 푹 삶으니까 이 시점에서는 근육이 어느 정도 남아 있어도 골격 표본의 완성도에는 영향을 미치지 않는다. 그래도 해부 경험자인 여러 선배들이 작업한 깨끗한 제육은 당시 나에게 동경의 대상이었다.

흔치 않은 기회였다. 다음에 또 이렇게 상태 좋은 기린 사체를 얻는다는 보장이 없다. 해부를 해 보고 싶다. 기린의 목은 어떤 구조로 이루어져 있을까? 의욕과 호기심이 불안한 마음을 웃돌았다. 그때의 나에게는 도전 이외의 선택지 따윈 없었다.

"시간이 있다면 며칠이든 여기 다니며 작업해도 좋으니 한 번 해 보게." 교수님의 상냥한 말씀에 힘입어, 나는 첫 해부에 도전했다.

첫 해부에 도전하다

기린의 첫 해부는 괴로운 기억으로 남아 있다.

나흘 동안 이루어진 해부는 그저 나의 무지함을 통감하는 시간이었다. 첫 '해체'가 꿈꾸는 듯 황홀한 기억이었던 데 반해, 현실에 직면한 첫 '해부'는 그다지 생각하고 싶지 않은 기억이다.

가로누운 니나의 목 앞에 서서 불안한 마음을 품으며 해부칼을 쥐었다. 마음을 진정시키기 위해 한숨 돌리고 니나의 모피에 조심스럽게 해부칼을 가져다 댔다.

해부도 해체도 처음 해야 할 일은 가죽을 벗기는 일이다. 피부를 벗기지 않으면 안에 있는 근육이 보이지 않는다. 박피라면 지금까지 몇 번이나 해 봤다. 피부에 싸인 근육을 손상하지 않도록 신중하게 피부를 벗겨 나갔다.

피부를 벗기면 교과서에 실려 있는 해부도 같은 근육 구조가 보일 것이라 예상했다. 해부학 책 복사본을 곁눈질로 봐 가면서 임시변통 지식을 총동원해서 '목 뒷부분의 표층에는 먼저 판상근板状筋이 있고 그 아래에 최장근最長筋이 있고…….' 라는 식으로 앞으로 나올 순서를 떠올리며 손을 움직였다.

그런데 피부를 다 벗긴 뒤, 눈앞에 나타난 것은 하얀 막에 덮인 기린의 목이었다. 해부도처럼 다발로 나뉜 근육의 모습은 온데간데없었다.

이 하얀 막은 '근막'으로, 문자 그대로 근육을 싼 막이다. 기린과 같은 커다란 동물은 근막이 상당히 두껍고 각각의 근육을 싼 근막끼리 한 몸이 되어 경계를 알 수 없다. 이 두꺼운 근막을 적절히 절개하지 않으면 안에 싸인 근육 구조는 보이지 않는다.

어떻게 할까 고민하다가 근막 주변에 붙어 있는 지방이나 피부 조각을 깨끗이 제거했다. 하지만 이대로는 결말이 나지 않는다. 아무리 실온이 낮다고 해도 이대로 작업을 진행하지 못하면 귀중한 사체가 부패해 갈 뿐이다. 한동안 근막을 들쑤신 뒤, 마음을 굳히고 근막에 메스를 넣었다.

눈앞에 펼쳐진 기린의 목 근육

절개한 근막 틈으로 해부도에서 본 듯한 다발 형태로 뭉쳐진 근육 덩어리가 나타났다. '뭐야. 이걸 제거하면 근육이 보이는 거로구나.' 안심하고 기세 좋게 메스를 미끄러뜨렸다. 칼집을 넣은 근막 끝을 핀셋으로 집어서 메스와 가위를 이용해 잘라 제거했다. 그런데 이것이 큰 실수였다.

'이상한데' 라고 생각한 것은 떼어내려고 한 근막 일부가 뼈에 꽉 달라붙어 있는 것을 발견한 때였다. '이런 것도 있나?'라고 생각하며 뼈에서 벗겨 냈지만, 아무래도 상태가 이상했다.

그도 그럴 것이 그때 내가 떼어 낸 것은 근막이 아니라 근육의 일부인 '힘줄腱'이었기 때문이다. 기린은 근육과 뼈를 잇는 섬유성의 튼튼한 조직인 힘줄이 근막과 한 몸으로 붙어 있을 때가 있다. 아무 생각도 없이 근막을 떼어 낸 탓에 근육의 일부인 힘줄까지 함께 제거해 버린 것이다.

해부는 파괴적인 작업이다. 근육이나 힘줄을 한 번 잘라내 버리면 다시는 처음으로 돌아갈 수 없다. 근막과 함께 힘줄을 제거해 버린 탓에 '뼈의 어느 부분에 붙어 있었는지 알 수 없는 근육 다발'이 생겨 버렸다. 후회해도 이미 늦었다.

그렇지만 한 번 실패했다고 해서 초반에 포기할 수는 없었다. 앞으로 훨씬 많은 과정이 남아 있기 때문이었다. 다행히도 목 근육에는 관절이 많아서 기본적으로 반복되는 구조로 이루어져 있다. 한 개는 실패했지만 다른 부분에서 같은 구조를 관찰할 수 있는 것이다.

근막을 꼼꼼히 관찰하고 힘줄을 떼어 내지 않도록 주의하면서 해부를 진행했다. 다소 실패는 있었지만 어찌어찌 근막을 벗기고 표층 근육을 노출시킬 수 있었다. 눈앞에는 가늘고 긴 근육 다발이 여러 겹으로 포개어 있는 복잡한 목 구조가 드러났다.

자, 이제부터 진짜 시작이다. 해부실 틈새기로 들어오는 바람에 몸을 웅크려 가며 교과서 복사본에 그려진 소나 산양의 해부도를 손에 들고 눈앞에 있는 기린 사체와 비교했다. 여기저기 끝이 잘려 버린 근육을 만지작거리면서 "이게 판상근이고 이쪽이 경최장근? 아냐. 역시 이쪽이 판상근?"이라는 식으로 중얼거리며 해부를 진행했다.

무력감만 남긴 첫 해부

해부는 기본적으로 표층에서 심층을 향해 진행한다. 심층 근육을 관찰하려면 표층 근육을 벗길 필요가 있다.

목의 가장 표층을 통과하는 끈 형태의 가늘고 긴 근육을 집어 들어 어디에서 어디로 향하는지 확인했다. 해부 책과 대조해 실컷 고민한 끝에 '이건 판상근이야.'라는 결론을 내리고 제거했다. 그런데 심층 해부를 시작하니 조금 전 '판상근' 같았던 것이 다시 등장하거나 하는 일이 벌어졌다. 이런 사고는 해부를 갓 시작했을 무렵에 정말 자주 일어났다. 솔직히 말하면 지금도 가끔 일어난다.

이런 식으로 근육 이름이 하나 어긋나 버리면 지금까지 결론지어 놓은 근육의 명칭이 도미노처럼 와르르 어긋나 알 수 없게 돼 버린다. '역시 심층에 있는 이쪽 근육이 ○○근이고 표층에 있는 근육은 ××근인가?'라는 식으로 정정해도 그때는 이미 표층 근육을 제거해 버린 뒤라 확인할 수 없는 경우도 많았다.

누구에게 물어보려 해도 엔도 교수님은 니나의 사체를 보내자마자 아마미오섬奄美大島(규슈 남부 아마미제도에 속한 섬으로 본토보다 오키나와에 더 가깝다-옮긴이 주)으로 표본 채집을 떠나 버리셨고 운 나쁘게도 크리스마스라서 대학원생들도 거의 등교하지 않았다. 의지할 수 있는 것은 해부학 교재의 복사본뿐이었다.

나흘 뒤, 문득 정신을 차려 보니 눈앞에 있는 니나의 사체는 근육 대부분이 도려내지고 뼈만 남아 있었다. 나흘 동안 매일 악전고투하며 해부를 계속했지만 작은 것 하나도 발견하지 못했고 머릿속에 무수한 의문만 생겼을 뿐이었다. 발견은커녕 '이건 ○○근이야.'라고 단언할 수 있는 근육조차 하나 없었다.

무력감. 오직 그 한마디밖에 없었다. 기린 사체에 해부라는 이름의 파괴 행위를 가했지만 어떤 새로운 깨달음에도 다다르지 못했다. 지식의 향상도 이루지 못했다. 생명을 만지작거린 듯한 씁쓸한 뒷맛과 죄책감이 가슴으로 무겁게 덮쳐 오는 느낌이었다. 이 느낌은 지금도 생생하다.

첨단 장비를 이용해 숫자나 알파벳이 나열된 자료를 분석하는 것이 아니라, 살아 있는 몸을 다루는 것이 해부의 매력이기도 하고 무서움이기도 하다.

두 번째 해부 기회

"기린 해부, 너무 즐거웠습니다. 모르는 것투성이라 무력감도 느꼈지만, 많은 공부가 되었습니다. 처음으로 해부했구나, 라고 느꼈습니다. 감사합니다."

니나의 해부가 끝난 후 나는 엔도 교수님에게 이런 메일을 보냈다. 무력감을 가슴에 새기며 최대한 긍정적인 말을 적었다.

교수님은 "천만에요. 틀림없이 또 기회가 있을 테니까 머리가 좀 더 좋아진 뒤에(웃음) 다시 도전해 보세요."라는 답장을 보내셨다. 이런 메일을 받았다는 사실 따윈 완전히 잊고 있었는데, 역시 교수님은 정말 가차 없는 분이다. 그렇다 해도 교수님 말씀이 맞다. 지식을 좀 더 쌓지 않으면 기린의 목 구조를 이해할 수 없다고 통감했다.

그런 메일을 주고받은 사흘 뒤인 2010년 12월 29일. 나는 다시 해부실에서 기린의 목과 마주하고 있었다. 눈앞에 있는 기린의 이름은 '시로'. 1989년에 태어난 21살 기린으로, 나와 동갑이었다. 하마마쓰시동물원에서 사육하던 개체로 며칠 전 내가 마주했던 '니나'의 파트너였다. 니나를 뒤따르듯 연이어 죽은 것이다.

시로의 목은 니나보다 한 아름 정도 커서 해부대 위에는 다 올리지 못할 듯 보였다. 대학원생의 도움을 받아 가며 실외에 합판으로 즉석 해부대를 만들고 거기에 시로의 사체를 뉘었다.

아쉽게도 아직 머리가 좋아지지는 않았지만, 며칠 전의 실패와 반성을 잊지도 않았다. 머릿속에는 며칠 전까지 격투를 벌인 니나의 목 구조가 생생히 남아 있었다.

'이번이야말로.' 메스와 핀셋을 손에 들었다.

근육 이름은 그냥 이름일 뿐

시로의 해부는 니나 때와는 다른 점이 두 가지 있었다. 일단 하나는 이번에는 혼자가 아니라는 점이었다. 연구실의 대학원생과 국립과학박물관의 연구원이 해부에 참여한 것이다. 게다가 그분은 새나 파충류의 목을 연구하는 '목 전문가'였다. 질문할 수 있는 상대가 있다는 것은 참으로 고마운 일이었다.

그리고 또 하나는 말할 것도 없이, '이번이 첫 해부가 아니다.'라는 점이었다. 지난번 해부에서 확실히 특정할 수 있는 근육은 하나도 없었지만, 니나 덕분에 어떤 식으로 근육 다발이 늘어서 있는지 대략적인 근육 구조는 머리에 들어 있었다. 어찌 된 까닭인지 힘줄이 어떤 식으로 지나가는지도 기억하고 있어서 근막을 벗길 때 어디를 주의해야 좋을지 짐작할 수도 있었다.

니나의 해부는 대실패로 끝났지만, 지식은 확실히 내 안에 축적되어 있었다. 그 느낌이 정말 기뻤다. 지난번의 실패를 토대로 근막과 함께 힘줄을 벗기지 않도록 천천히 신중하게 작업을 진행해 나갔다.

피부를 벗기고 근막을 제거하자 바로 며칠 전에 봤던 구조가 지난번보다는 다소 깔끔한 형태로 눈앞에 펼쳐졌다. '이번 이야말로 이것이 무슨 근육인지 구체적으로 명시해야지.'

재차 기합을 넣고 옆 테이블에 놓아둔 해부도 복사본을 펼쳤다. 판상근, 경최장근頸最長筋, 환추최장근環椎最長筋……. 교과서에 열거된 근육을 하나씩 확인하고 근육이 어느 뼈와 어느 뼈를 연결하는지 확인했다. 교과서에 쓰여 있는 각 근육의 설명문을 차분히 읽고 해부도와 눈앞의 기린을 비교하면서 어느 것이 무슨 근인지 시험 삼아 구분 지어 표시해 봤다.

하지만 역시 모르겠다. 기린 목의 표층에는 가늘고 긴 끈 모양의 근육이 다수 존재했지만, 교과서에 실려 있는 소나 산양의 근육도에는 이런 모양의 근육이 그려져 있지 않았다.

나 혼자 고민해 봤자 결론은 나지 않을 것이 뻔했다. 하지만 이번에는 혼자가 아니라 목 해부 전문가와 함께다. '모르겠으면 배우면 되지.'라고 생각하고서 "이건 무슨 근육인가요? 판상근 아니면 경최장근인 것 같은데……."라고 물어보았다.

그러자 목 전문가로부터 예상 밖의 대답이 돌아왔다.

"음……. 모르겠는데. 뭐, 일단 근육 이름에는 그렇게 연연하지 않아도 괜찮잖아?"

상대는 기린 해부가 처음이 아니었고, 나보다 훨씬 경험이 많은 목 구조 전문 연구자였다. 틀림없이 "이건 무슨 근이라네."라고 답을 가르쳐 줄 줄 알았던 나는 그 의미를 금방 이해하지 못했다. 그러자 그분은 이어서 이렇게 말했다.

"이름은 그냥 이름일 뿐이야. 누가 붙인 이름에 휘둘리는 것도 어쩔 수 없는 일이지만, 스스로 구분할 수만 있으면 괜찮아. 다음에 해부할 때 '이건 지난번에 ○○근이라고 이름 붙인 녀석이로군'이라고 스스로 알 수 있도록 어디랑 어디를 잇는 근육인지만 제대로 관찰해서 기록해 두면 괜찮다네."

노미나를 잊어라

해부에는 전문 용어가 많아서, 근육 이름만도 400개 이상 된다. 해부를 할 수 있으려면 먼저 이 이름을 정확하고 확실히 외워야 한다고 생각했다.

그런데 이때 들은 "이름에 연연하지 않아도 괜찮잖아? 혹시 모르겠으면 스스로 이름을 붙이면 되지 뭐."라는 말에 참으로 놀랐다. 솔직하게 말하면 그때는 "그런 식으로 하다간

아무리 시간이 흘러도 해부를 제대로 못 하는 것 아닐까."라고 생각했다.

그런데 그 이후에도 다양한 해부학자 선생님들로부터 이와 비슷한 말을 몇 번이나 들었다. 2017년과 2018년에 참가한 인체 해부 연구 세미나에서는 선생님이 몇 번이나 "노미나를 잊어라."라고 거듭 당부했다. 노미나Nomina란 '이름'이라는 의미의 라틴어다. 근육이나 신경의 이름을 잊고 눈앞에 있는 것을 순수한 마음으로 관찰하라는 가르침이었다.

근육의 이름은 그 형태나 구조를 반영하는 것이 많다. 예를 들어 목에 있는 판상근은 문자 그대로 판자 모양의 평평한 근육이고 엉덩이에 있는 이상근梨狀筋은 인체에서는 배 같은 모양을 하고 있다. 복거근腹鋸筋(배쪽톱니근)은 배 쪽으로 톱처럼 들쭉날쭉한 모양을 한 근육이며 상완두근上腕頭筋은 위팔과 머리를 연결하는 근육이다.

하지만 근육의 이름은 기본적으로 사람의 근육 형태나 구조를 기준으로 이름이 붙여졌기 때문에 모든 동물이 '이름 그대로'의 모습을 하고 있지는 않다. 동물 대부분의 이상근은 배 모양이 아니며, 기린의 상완두근은 위팔에서 머리가 아니라 목의 기저부 부분을 향하는 근육이다.

해부 용어에 '이름이 몸의 특정 부위를 가리키는' 사례가 많다고 해서 이름에 지나치게 집착해 버리면 선입관에 사로잡혀 눈앞에 있는 것을 있는 그대로 관찰할 수 없게 된다. 머리와 팔을 연결하는 근육을 찾고 있으면 기린의 상완두근은 언제까지나 발견할 수 없다.

뛰어난 관찰자가 되어라

근육이나 뼈의 이름은 이해하려고 존재하는 것이 아니다. 눈앞에 있는 것을 이해한 뒤, 누군가에게 설명할 때 사용하는 '도구'다. 그리고 해부의 목적은 이름을 특정하는 것이 아니라 생물의 몸 구조를 이해하는 데 있다. 노미나를 잊어라. 일단 순수한 눈으로 관찰하는 것이야말로 몸 구조를 이해하는 데 무엇보다 중요한 자세다.

당시의 나는 이 사실을 깨닫지 못하고 각각의 이름을 구분하여 명기하는 것이 목적인, 그야말로 이름에 사로잡힌 상태였다. 상완두근을 발견하려고 위팔과 머리를 잇는 근육을 찾는다거나 교과서에 "이 근육은 두 층으로 나뉨."이라고 쓰여 있으면 두 층으로 나뉜 근육을 찾으려고 했다. 눈앞에 있는 기린의 구조를 이해하기 위해 관찰한 것이 아니라 옆에 놓인 교과서에 그려진 구조를 기린 속에서 찾으려 한 것이다.

"스스로 이론을 세워 생각하는 사람이 아니면, 뛰어난 관찰자가 될 수 없다." 그 유명한 찰스 다윈의 말이다. 이때의 나는 이론을 세워 생각하면서 해부하지 않았다.

'이름에 연연하는 짓은 일단 그만두자.' 이렇게 생각하고서 마음을 새롭게 가다듬고 시로의 사체로 돌아섰다. 눈앞의 근육은 어느 뼈와 어느 뼈를 연결하는 걸까? 이 근육이 수축하면 기린의 몸은 어떤 식으로 움직일까? 커다란 근육일까? 작은 근육일까? 길까? 짧을까? 근육 이름은 하나도 모르지만 눈앞에 실제 기린 사체가 있다면 생각할 거리는 얼마든지 있었다.

이러고 나서야 처음으로 내가 교과서만 바라보고 기린 쪽은 거의 보지 않았다는 사실을 깨달았다. 모처럼 기린 사체가 눈앞에 있는데, 제대로 마주하지 않았다는 느낌이 들었다.

해부대 옆에 노트를 펼쳐 이름도 모르는 '수수께끼근 A'의 부착 위치, 주행, 크기, 길이를 찬찬히 관찰해 기록해 나갔다. 다음 해부할 때도 '수수께끼근 A'임을 알 수 있도록 근육의

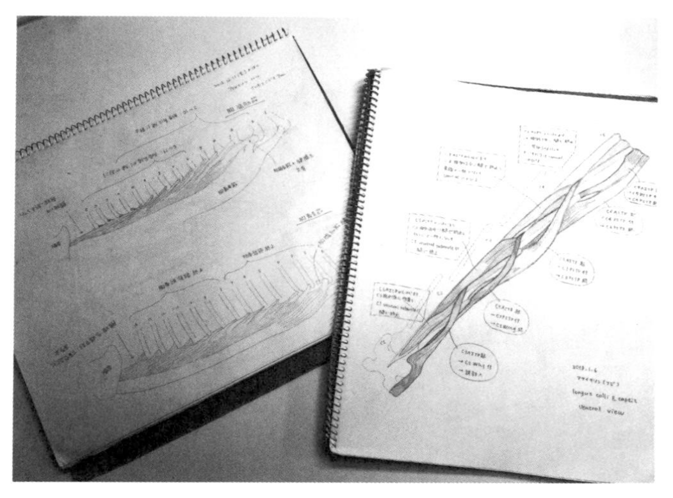

내가 해부할 때 사용하는 스케치북. 시로를 해부했을 때가 아니라 기린의 '8번째 목뼈' 연구를 시작했을 무렵(2013년경)의 스케치다.

특징을 가급적 상세하게 그려 넣었다. 이름을 구체적으로 구분 지으려 했을 때는 계속 새하얀 노트였지만, 그때부터는 문장이나 스케치로 채워져 갔다. 간신히 머리를 써서 해부할 수 있게 된 순간이었다.

마침내, 해부를 완료하다

눈앞에 있는 기린 사체를 찬찬히 관찰하고 근육 다발을 하나씩 골라 나갔다. '등과 견갑골을 잇는 부채 모양의 근육', '견갑골과 경추를 잇는 들쭉날쭉한 근육', '목덜미에서 경추로 뻗은 끈 모양의 근육'이라고 어디와 어디를 연결하는 어떤 모양의 근육인지 신중히 기록해 스케치했다. 때로는 '수축하면 어느 쪽으로 힘이 가해지므로 이런 역할을 하는 근육이지 않을까?'라는 식으로 이리저리 궁리하며 근육의 기능을 예상해 메모하기도 했다.

그리고 마지막으로 해부학 책과 눈싸움하면서 근육의 이름을 생각했다. 신기하게도 이름을 추구했던 때는 전혀 특정하지 못했는데, 이름에 대한 집착을 버리고 제대로 관찰해 보니, 몇 개의 근육 이름을 구분 지어 명기할 수 있었다. 확실히 관찰은 중요하다.

그래도 모르는 근육이 몇 개나 있어서, 그때마다 '수수께끼근 A', '수수께끼근 B'라고 명명하면서 해부를 진행했다. 목을 덮고 있던 근육이 서서히 줄어들고 뼈가 모습을 드러냈다. 슬슬 해부도 끝이 나고 있었다.

목덜미 위치에 있는 일련의 길고 탄탄한 근육을 빼내니 목 기저부에서 머리까지 퍼진 거대한 판자 모양의 구조가 눈에 들어왔다. 하얀빛이지만 뼈는 아니다. 만져 보니 부드럽다. 손가락으로 꾹 눌러 보니 원래대로 돌아가려는 반발력이 느껴졌다. 메스로 칼집을 넣고 단면을 보니 상당히 노랬다.

이 조직의 이름은 바로 알았다. '항인대項靭帶'다. 이름 그대로 '목덜미項'에 있는 인대다. 항인대는 탄성이 있는 조직을 대량으로 함유해 고무 같은 특성을 보이는데, 당겨서 늘리면 원래대로 돌아가려고 하는 복원력을 만들어 낸다. 에너지를 사용해 능동적으로 힘을 발휘하는 근육과 달리, 항인대는 수동적으로 수축하는 힘을 낳는다.

기린은 매우 두껍고 탄탄한 항인대가 있다. 항인대라는 이름의 강력한 탄성의 '고무줄' 덕분에 기린은 언제나 '목을 끌어올리는 힘'이 가해져 있는 상태다. 이 끌어올리는 힘을 이용해 기린은 근육을 많이 사용하지 않고도 중력을 거슬러 머리와 목을 들어 올린다.

항인대가 강한 힘으로 목을 끌어올린다는 사실은 기린의 사체를 보면 일목요연하게 드러난다. 죽어서 옆으로 쓰러진 기린의 사체는 목이 휘어져 올라가 버린다. 옆으로 쓰러지면서 중력을 받는 방향이 바뀌어 항인대의 장력과 중력의 균형이 무너졌기 때문이다. 중력이 주는 '목을 배 쪽으로 숙이는 힘'이 사라지자 항인대가 주는 '목을 끌어올리는 힘'만 남아버려서, 목이 휘어져 올라가 버리는 것이다.

이 특이한 자세를 '데스 포즈Death pose'라고 부르는데, 시조새가 대표적이며 절멸한 파충류 화석에서도 볼 수 있다. 공룡이 항인대를 지니고 있었다는 증거이기도 하다.

2010년 12월 29일에 시작한 시로의 해부는 섣달그믐과 정월까지 이어져 2011년 1월 10일에 완전히 끝났다. 13일 동안 연속된 이 해부 작업은 나의 해부 역사 중 가장 길었던 작업이었다.

모든 작업을 마치니 피로감과 함께 성취감이 온몸에 퍼졌다. 니나 때는 느끼지 못한 것이었다. 이때 이만큼 끈기 있게 해부할 수 있었던 것은 니나 때의 후회와 죄책감 때문이었다.

'사체를 망가뜨림'에 지나지 않았던 니나의 '해부' 기억은 마음에 어둠을 드리우는 괴로운 기억이었다. 근육의 이름을 특정하지도 못했고 지식도 쌓지 못했지만, 경험만은 살리고 싶었다. "그 경험 덕택에 이번에는 이만큼 해낼 수 있었어."라고 말할 수 있을 정도로 노력하고 싶다고 시로를 해부하며 쭉

그렇게 생각했다.

시로가 니나의 파트너였다는 사실도 강한 영향을 미쳤다. 니나의 경험을 살리지 못하면 그녀뿐 아니라 눈앞의 시로에게도 면목이 없었을 것이다.

니나와 시로의 연속 해부는 내 연구 인생에서 매우 중요한 사건이었다. 어쩌면 운명이 아닐까 느낄 정도다.

니나, 시로, 정말 고마워.

재밌는 읽을거리

동물원에서 기린 종을 나누는 법

"기린은 '기린'이라는 종 하나뿐인 동물이다." 그렇게 생각하는 사람은 의외로 많고 사실 과학자들도 오랫동안 그렇게 생각해 왔습니다.

그런데 2016년, 독일과 아프리카의 국제 연구 조직이 기린 1종설에 돌을 던졌습니다. 수많은 기린에서 DNA를 채취해 유전자 특징을 조사해 보니, 유전적 특징이 각기 다른 4개의 집단으로 나눌 수 있다는 사실이 밝혀진 것입니다. 연구자들은 4개의 집단을 '그물무늬기린', '마사이기린', '남부기린', '북부기린'이라고 이름 붙였습니다.

일본의 동물원에서 사육 중인 기린은 다각형 얼룩으로 이루어진 예쁜 그물무늬의 '그물무늬기린'과 불규칙한 톱니 모양의 얼룩무늬를 한 '마사이기린' 2종뿐입니다. '남부기린'과 '북부기린'은 사육하지 않습니다.

단, 동물원에서 사육하는 그물무늬기린 중 일부는 그물무늬기린과 북부기린의 교잡 개체의 손자뻘입니다. 기린 4종설이 나오기 훨씬 전, 북미의 동물원에서는 그물무늬기린과 북부기린을 교배했는데, 현재 일본에서 사육하는 그물무늬기린의 몇 퍼센트는 북미에서 수입한 개체의 자손입니다.

교잡의 영향인지는 불명확하지만, 그물무늬기린으로 전시하는 개체에서 북부기린의 특징이 나타나기도 합니다. 그러고 보면 일본에서는 실제로 남부기린 이외의 3종의 기린을 볼 수 있다고 말할 수 있을지도 모릅니다(순수한 북부기린은 사육하고 있지 않지만).

동물원에서 볼 수 있는 기린이 무슨 종인지 정확히 알고 싶다면 그 개체의 DNA 샘플을 채취해야 하는데, 말할 것도 없이 일반 관람객에게는 불가능한 일입니다. 그럼 실망하실 수도 있으니, 누구나 확인할 수 있는 기린 종 구분법을 소개하려 합니다.

그물무늬기린

밝은 크림색 선으로 깔끔하게 구분된 무늬가 있음. 사지 안쪽에도 무늬가 있으며, 발뒤꿈치를 살짝 넘어간 곳까지 무늬가 퍼져 있음.

북부기린

부채꼴이나 줄기가 퍼진 형태의 약간 고르지 않은 무늬를 하고 있음. 무늬는 발뒤꿈치 정도까지 퍼져 있으며, 발끝 쪽은 새하얌. 그물무늬기린에 비해 각각의 무늬는 약간 작고, 무늬끼리의 간격은 조금 넓음. 사지 안쪽에는 무늬가 없는 개체도 있음.

마사이기린

그물무늬기린이나 북부기린과는 달리 들쭉날쭉 갈라진 불규칙한 모양의 무늬를 지님. 나뭇잎이나 별 같은 모양의 무늬가 굽 쪽까지 퍼져 있음.

그물무늬기린

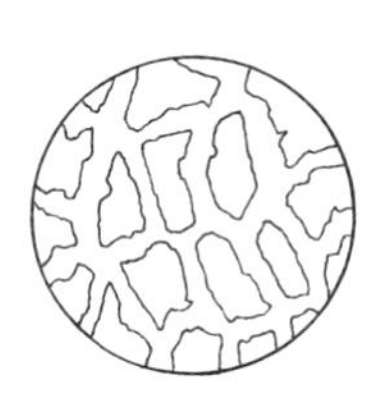
북부기린

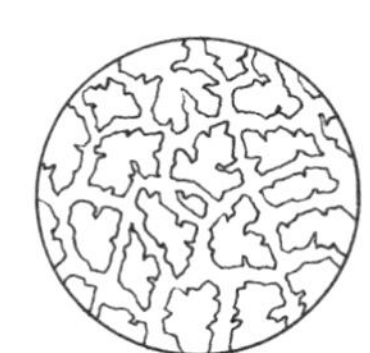
마사이기린

이러한 무늬의 특징을 머리에 넣고서 동물원의 기린을 바라보면 그물무늬기린이라고 여겨지지만, 발뒤꿈치 아래나 사지 안쪽으로는 무늬가 거의 없는 개체나 무늬끼리 간격이 넓은 개체가 어느 정도 있다는 사실을 발견할 수 있습니다.

물론 무늬에는 개체 차도 있어서 확실하다고는 할 수 없지만, 이런 무늬를 띤 개체는 북부기린의 특징이 강하게 표현된 '그물무늬 · 북부 교잡 개체의 자손'일지도 모릅니다.

동물원을 방문할 때는 꼭 한 번 유심히 관찰해 보시기 바랍니다.

제4장

본격적인 기린 목뼈 연구

기린의 경추는 몇 개일까?

'니나·시로'라는 부부 기린의 해부를 통해 얻은 가장 중요한 한 가지는 '노력하면 반드시 기린 연구를 할 수 있다'라는 실감이었다.

2008년 12월에 처음으로 기린 해부를 한 후 만 2년 동안 4마리의 기린을 해체·해부해 왔다. 이런 속도로 가면 학부의 남은 1년 반 동안 2마리 정도를 더 해부할 수 있다는 계산이 나왔다. 기린을 10마리 넘게 해부하면 나의 노력에 따라 어떤 발견을 할 수 있을지도 모를 일이었다. 환경은 변명의 여지가 없을 만큼 좋았다. 기린 연구자가 되기 위해 남은 최대 문제는 기린의 '무엇'을 연구하느냐였다.

연구는 밝히고 싶은 의문이 있을 때 하는 것이다. 아직 알고 싶은 게 뭔지 찾지도 못한 상태로 연구를 진행한다는 건

어불성설이었다. 기린 사체가 눈앞에 있어도 풀어야 할 수수께끼가 없다면 새로운 발견으로 이어지는 연구는 애초에 있을 수 없었다.

솔직히 말해 이즈음에 기린 연구를 하고 싶다고 말은 했지만, 기린의 무엇을 연구할 것인지는 거의 생각하고 있지 않았다. '기린이라고 하면 역시 목이지.'라는 안일한 생각으로 줄곧 목 연구를 하고 싶다고 말하긴 했지만, 목의 무엇을 연구할지 구체적인 아이디어는 전혀 없었다.

당시 엔도 교수님과는 연구나 생물을 주제로 두서없이 이야기할 때가 많았다. 시로를 해부하던 와중에도 짬짬이 따뜻한 차를 마시며 교수님과 대화를 나눴다. 그중에서 포유류의 경추 수는 기본적으로 7개인데, 이 제약 안에서 기린이 어떻게 긴 목을 획득해 왔는지 궁금하다고 이야기했다. 이 대화는 나중에 내 박사 학위 논문의 큰 주제가 된다.

그렇다. 포유류의 몸 구조에는 '경추 수 7개'라는 기본 규칙이 있다. 제아무리 목이 긴 기린이라도 목에 있는 '경추'라는 뼈의 개수는 사람과 똑같은 7개인 것이다.

경추란 척주脊柱를 구성하는 뼈인 척추뼈, 즉 추골 중 주로 목에 있는 것을 가리킨다. 포유류에서는 좌우에 갈비뼈, 즉 늑골이 붙어 있지 않고 비교적 움직임이 자유로운 척추뼈를 '경추'라고 정의한다. 그리고 기본적으로 포유류의 경추 수는 7개로 정해져 있다. 최소 2억 년 전부터 포유류의 경추 수는 쭉 7개였다.

한편 조류나 파충류는 종류에 따라 경추 수가 다르다. 잉꼬의 일종은 경추가 11개이고 백조 중에는 경추가 20개 이상 되는 종도 있다. 덧붙이자면, 지금까지 지구에 서식한 생물 중에서 가장 경추 수가 많은 것은 알베르토넥테스Albertonectes라는 이름의 수장룡의 일종이다. 놀랍게도 경추 수가 76개에 달한다.

왜 포유류는 경추 수가 7개로 정착한 걸까? 왜 조류나 파충류의 경추 수는 다양한 걸까? 그 이유는 아직 확실하지 않다. 어쨌든 포유류는 목 길이에 관계없이 기본적으로 경추 수가 7개로 일정하다.

'7개의 경추'라는 엄격한 제약 속에서 기린의 목은 어떻게 저렇게 길어진 걸까? 어떤 구조의 변화가 일어난 걸까. 애초에 "경추 수는 7개이며, 기린도 인간도 목의 골격 기본형은 같다."라고 하지만, 정말 그런 걸까? 동물원에서 기린이 목을 굽혀 자신의 목의 기저부를 핥거나 코를 엉덩이로 가까이 가

기린과 오카피의 제5경추

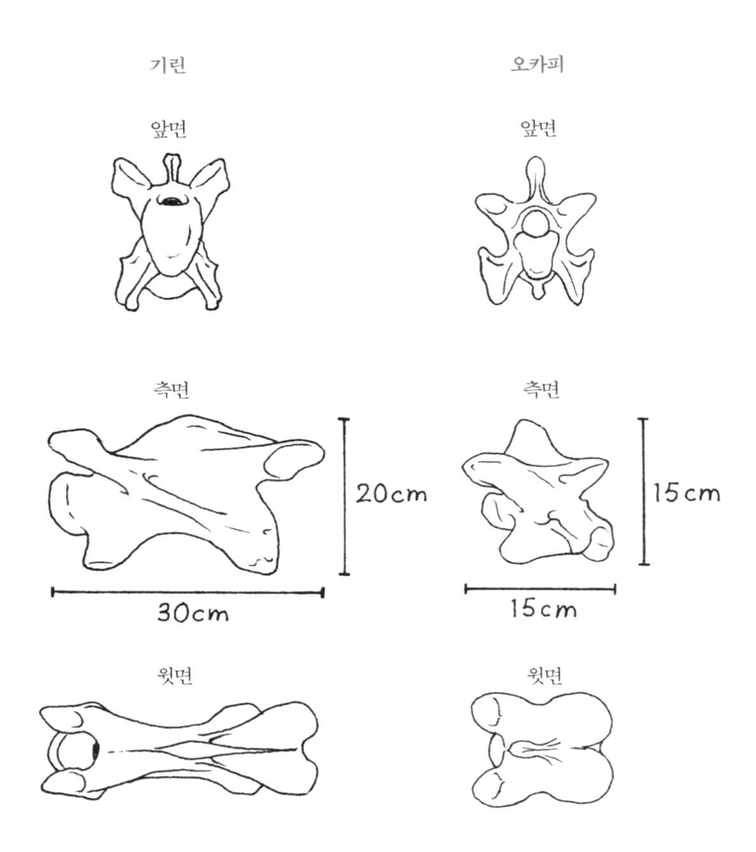

척추뼈의 높이는 그다지 다르지 않지만, 길이는 2배 정도 차이가 난다. 포유류는 경추 수가 7개로 일정하기 때문에 목이 긴 기린은 각각의 경추가 매우 길어졌다.

져가 냄새를 맡는 모습을 보면, 기린과 인간의 목 구조가 비슷하다는 말 따윈 도저히 믿을 수 없다. 인간은 그런 움직임이 절대 불가능하다.

기린의 목에는 그들에게만 있는 특징적인 구조가 있는 것은 아닐까? 그런 생각을 전하자, 교수님은 이런 조언을 해 주셨다.

"다음에 완신경총腕神經叢을 보면 좋을지도 모르겠군."

엇갈린 운명의 논문

완신경총의 '총'이란 덤불을 뜻한다. 완신경총은 팔로 향하는 신경이 갈라지거나(분기) 연결돼(문합) 구성되는 그물 형태의 복잡한 구조를 가리킨다. 즉 팔을 향하는 신경은 겨드랑이에서 일단 하나로 모여 '완신경총'을 형성한 후, 뿔뿔이 흩어져 팔과 손으로 퍼져 간다는 뜻이다. 기린의 완신경총은 4개의 두꺼운 신경 다발이 합쳐져 이루어져 있다.

엔도 교수님 말에 따르면 10년 정도 전에 발표된 논문에서 기린의 완신경총이 조금 다른 위치에 있다는 사실이 보고되었다고 한다. 기린의 근연종으로 목이 짧은 '오카피'에 비해 조금 뒤로 밀려나 있다는 것이다. 오카피만이 아니라 다른 일반적인 포유류와 비교해도 역시 기린의 완신경총은 조금 뒤에 있는 듯하다.

완신경총은 보통 목과 몸통의 경계부에 위치한다. 이것이 밀려나 있다는 사실은 기린의 몸에서 목과 몸통의 경계가 변화했다는 증거가 아닐까. 이 논문의 저자는 그렇게 생각한 듯하다. 저자는 신경의 위치나 척추뼈 모양의 특징을 근거로 최종적으로는 "기린의 제1흉추는 원래 제7경추로, 기린의 경추 수는 제1흉추를 포함한 8개다"라는 결론에 다다랐다.

교수님은 그 논문에 적힌 주장을 그다지 믿지 않는 듯했다. 그래서 기린의 완신경총을 제대로 확인해 보는 것이 좋겠다고 제안한 것이다. 실제로 그날 밤, 엔도 교수님에게 논문 PDF 파일과 함께 이런 메일이 왔다. "경추가 8개라고 열심히 주장하지만, 누구도 믿지는 않습니다(웃음)."

사실 나는 이때 받은 논문을 독파할 수 없었다. 애초에 영어도 서툴렀고 대학교 3학년 때쯤에는 '학술 논문'을 읽는 것도 익숙하지 않았다. 해부 지식도 전혀 없었다. '완신경총'이라는 단어도 이때 처음으로 알았을 정도다. 완신경총 이외에

기린과 오카피의 완신경총 구조

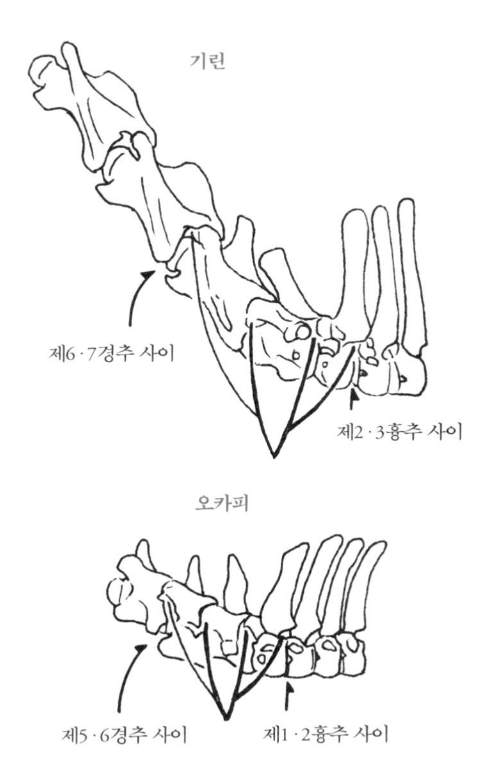

기린은 제7경신경頸神経부터 제2흉신경胸神經까지 4개가 모이며, 오카피는 제6경신경부터 제1흉신경까지 4개가 모여 각각 완신경총을 형성한다. 기린의 신경총은 다른 포유류에 비해 조금 후퇴했다.

도 처음 보는 전문 용어가 많이 튀어나와 뭐가 뭔지 알 수 없었다. 모르는 단어를 사전에서 찾아봐도 결국 그게 뼈의 어느 부위를 나타내는지 짐작조차 가지 않았다.

간신히 읽은 논문의 요약 부분에서는 "기린의 제1흉추는 원래 제7경추이다.", "기린은 제2~제6경추 사이에 척추뼈가 하나 더 있으며, 목과 가슴의 경계 부분에서 구조적인 융합이 일어나고 있다."라는 주장을 하고 있었다. 무슨 말을 하는지 전혀 이해하지 못했다.

경추는 경추, 흉추는 흉추가 아닌가. "기린의 제1흉추는 원래 제7경추이며……."라니, 이 논문의 저자는 대체 무슨 말을 하는 걸까. 엔도 교수님 말대로 이런 주장은 누구도 인정할 리 없다. 그런 생각이 들자 자세히 읽어 보지도 않고 던져 버리고 말았다.

이때는 이 논문이 먼 훗날 내 연구의 기반이 되리라고는 꿈에도 생각하지 못했다.

기린이라면 설날도 없다

2012년은 교수님에게서 걸려 온 전화로 시작했다. "기린이 죽었는데, 군지 학생, 올래요?" 설날 아침 7시쯤 전화를 받고 이불에서 튀어나왔다. 본가가 도쿄라 설날이지만 서둘러 대학으로 달려갈 수 있었다. 곧장 나갈 수 있도록 준비를 시작했다.

11시 넘어 교수님에게서 재차 메일이 도착했다. "새해 복 많이 받으세요. 엔도입니다. 조금 전 모 동물원에서 기린이 죽었습니다."라고 시작하는 메일을 보고 나도 모르게 웃음이 나왔다. 3일 오후 3시 전후로 반입 시간이 정해졌다는 연락이었다.

'석사과정으로 진학하는 해를 기린 해부로 시작하다니, 역시 나는 기린 연구자가 될 운명이야.' 그런 생각을 하며 1월 3일 정오 무렵, 신년 첫 세일을 향해 몰려나가는 사람으로 혼잡한 전철을 타고 대학에 도착하니, 예상보다 도로가 한산했는지 익숙한 파란 트럭이 박물관 뒤쪽에 이미 도착해 있었다. 짐칸에는 치바시동물공원에서 사육하던 아짐이라는 암컷 기린 사체가 놓여 있었다. 26살의 멋진 어른 기린이었다. 사육 환경에 있는 기린의 수명은 25살 정도이므로 천수를 다했다고 말해도 무방하다.

트럭에서 내린 업자 아저씨와 새해 인사를 나눴다. 듣기로는 새해라 동물원에 있던 직원도 적은 데다, 사육장의 후미진 방에서 쓰러져서 방 밖으로 사체를 들어내기가 상당히 힘들었다고 했다.

듣고 보니 확실히 평소보다 사체가 작게 나뉘어 있었다. 일손이 부족하니까 한 부위당 무게를 가볍게 만들지 않으면 사체를 옮길 수 없었을 것이다. 비록 여러 개의 부위로 나눴다 해도 다 자란 기린의 사체를 옮기는 것은 중노동이다.

뿔뿔이 흩어진 사체를 보고 동물원 분들의 마음을 상상해 봤다. 죽기 전에는 필사적으로 치료하려 했을 것이다. 26년이나 사육했던 동물이 죽어 버렸으니 틀림없이 충격이 컸을 것이다. 육체적으로도 정신적으로도 힘든 와중에 사체를 기증한다는 선택을 해 주신 데 대한 감사의 마음이 들었다.

이런 일을 하고 있으면, "기린이 죽으면 그게 어느 때든 뛰어나간다고요? 연구자들은 참 대단하네요."라는 말을 들을 때가 있다. 하지만 뛰어나가는 것은 나뿐만이 아니다. 동물이 죽으면, 동물원 직원도 사체를 운반하는 업체 아저씨도 엔도 교수님도 모두 각자 일정을 보내던 와중에 반드시 뛰어나간다. 그러니 기린이 좋아서 연구를 하는 나는 당연히 뛰어나와야 한다.

'연락을 받으면 어떤 일이 있어도 반드시 나간다'라는 지금의 자세는 이때 이후, 자연히 몸에 붙은 듯하다. 설날이라는 특별한 날에 죽은 아짐 덕분이다.

노이로제의 끝에서

아짐의 목을 해부대 위에 두고 천천히 바라봤다. 아짐은 니나의 엄마뻘인 기린이었다. 그런 관계 때문인지 니나와 시로를 해부했을 때의 기억이 되살아났다. 지금이야말로 기린 몸 속에 숨은 진화의 수수께끼, 이른바 '연구 거리'를 찾아낼 차례다. 자, 세 번째 해부의 시작이다.

세 번째 해부는 첫 번째, 두 번째에 비하면 상당히 익숙했다. 아직 모르는 부분도 있었지만, 근육의 대략적인 구조는 머리에 들어 있었다.

하지만 해부를 진행해 가는 동안 니나 때와 같은 무력감이 덮쳐 왔다. 메모는 하고 있지만, 지금 얻은 기록이 어떤 연구로 발전해 갈지 전혀 알 수가 없었다. 학부 졸업 연구를 끝마치고 '연구하는 방법'을 다소 몸에 익혔기 때문인지, 이대로는 연구 거리가 될 수 없다는 불길한 예감이 들었다.

그저 관찰하고 "이런 구조로 되어 있습니다."라고 말하기만 해선 안 된다. 도대체 나는 무엇을 밝혀내고 싶은 걸까? 눈앞의 귀중한 사체를 헛되이 할 수는 없다. 더욱 진지하고 필사적으로 생각해 내야 한다. 그렇게 고민하면 할수록 생각이 정리되지 않았다. 아무 목적도 없이 사체를 들쑤시는 것이 기분 좋을 리 없었다. 차츰 날이 저물고 추위와 피로감으로 머리가 움직이지 않았다.

'분명 엔도 교수님이었다면 니나와 시로, 아짐의 사체로 흥미로운 연구를 하실 수 있겠지. 교수님이 아니라 나 같은 풋내기에게 해부되는 니나도 시로도 아짐도 불쌍해.'

그런 생각이 드니 눈물이 났다. 분함과 미안한 마음이 가득했다. 그때 '똑똑' 하고 둔탁한 소리가 나며 해부실 문이 열렸다. 연구실 박사과정인 선배가 잠깐 쉴 겸 상태를 보러 온 것이었다.

"잘 돼?"

"전혀요."

"뭘 조사하는데?"

"지난번 알아내지 못한 근육을 중심으로 목의 근육 구조를 관찰하고 있어요. 근데 지금 하고 있는 게 연구로 어떻게 이어질지 전혀 감이 안 잡혀서……."

선배에게 솔직한 마음을 전했다. 그러자 낙담한 낌새를 알아챘는지 선배는 이런 말을 했다.

"평범한 사람이 평범하게 떠올린 평범한 생각은 틀림없이 누군가 이미 다 했을 거야. 만약 그렇지 않다면, 별로 흥미롭지 않거나 증명이 불가능한 것이겠지. 우리처럼 평범한 사람이 진짜 재밌는 연구 주제를 발견했다면 그건 생각하고 또 생각하고 또 생각해서, 그야말로 노이로제에 걸릴 정도로 깊이 생각한 끝에 나온 것이 아닐까. 그러니까 그렇게 괴로워하면서 실컷 생각해 보는 게 좋아."

지금 되돌아보면 생각에 지쳐 낙담하고 있는 학생에게 더 생각해 보라는 조언을 하는 것은 별로 좋지 않은 것일 수도 있다. 고민 끝에 괴로워하다 막다른 곳으로 몰린 학생도 있을 것이다. 하지만 나는 이 말을 들었을 때, 어쩐지 속이 후련했다.

연구 아이디어가 떠오르지 않는다고 괴로워하고 있었지

만, 어차피 나는 평범한 사람인 데다 이제 막 연구를 막 시작했을 뿐이었다. 재밌는 아이디어가 떠오르지 않는 것이 당연했다.

니나와 시로, 아짐을 위해 할 수 있는 일은 일단 최선을 다해 해부에 몰두하는 것이었다. 그들을 해부해 얻을 수 있는 경험과 깨달음을 조만간 흥미로운 연구를 하기 위한 초석으로 삼자고 다짐했다. 무력함과 죄책감에 눌려 있을 여유 따위는 없었다.

연구는 대체로 즐거움으로 가득하지만 '출산의 고통'과 맞먹는 시련은 얼마든지 있다. 순조롭게 진행되지 않는 것이 당연하고, 한 생각에 사로잡혀 노이로제 직전까지 빠져 버리기도 한다. 그럴 때는 선배가 해 준 이야기를 떠올리고 이렇게 생각한다.

'그래. 지금이야말로 세기의 대발견까지 한 걸음 전이야.'

기린의 놀라운 목 구조

2012년 4월, 석사과정으로 진학한 후에도 나는 변함없이 연구 주제를 모색하고 있었다. 모처럼 기린을 연구한다면, 가슴이 설렐 만큼 재미있는 연구를 하고 싶었다. 가능하다면 교수님에게서 주제를 받지 않고 스스로 찾고 싶었다. 노이로제 끝에 있는 풍경을 보고 싶었다.

이 시점까지 6마리의 기린 해체와 해부 작업에 관여해 왔다. 지금까지의 경험을 바탕으로 기린은 주로 추운 시기에 죽는다는 사실을 알고 있었다. 승부는 가을, 겨울이다. 봄부터 여름까지는 얌전히 앉아서 연구 주제를 생각하자. 그렇게 결심한 뒤 일단 논문이나 교과서를 닥치는 대로 읽었다.

그러나 여름의 끝에 접어들어서도 연구 주제는 전혀 정하지 못한 상태였다. 다른 연구실의 동기들은 교수님으로부터 연구 주제를 받아 착실하게 자료를 모으기 시작했다. '아직 석사과정이니까 그냥 교수님한테 무난한 주제를 받을까? 기린은 박사과정에 들어가고 나서 도전하기로 할까?' 이런 생각이 몇 번이나 머리를 스쳤다. 그럴 때마다 니나와 시로, 아짐을 떠올리며 마음을 다잡았다. 그들의 죽음을 헛되이 하지 않기 위해서는 재미있는 연구를 해야 한다. 이렇게 바로 포기할 순 없다.

그러던 어느 날, 인터넷 논문 검색 엔진을 통해 한 논문을 만났다. 논문 제목은 《기린의 놀라운 목 구조The remarkable anatomy of the giraffe's neck》로, 1999년 미국 대학의 연구자가 쓴 것이었다.

제목에 해부학anatomy이라는 단어가 들어가 있지만, 내용은 대부분 뼈 이야기였다. 기린과 오카피의 척추뼈 형태를 비교해 "기린은 제7경추와 제1흉추의 형태가 조금 특수하다."라는 사실을 보고하고 있었다.

기린과 오카피의 제7경추는 모양이 완전히 다르다. 길이뿐만 아니라, 형태의 특징도 상당히 다르다. 기린의 제7경추에서는 오카피를 포함한 일반적인 우제류(소, 사슴, 돼지, 양 따위의 발굽이 짝수인 포유류에 속한 동물군-옮긴이 주)의 제7경추가 지니는 형태적 특징이 거의 눈에 띄지 않는다.

그럼 제7경추에 이어 8번째 척추뼈인 제1흉추는 어떨까. 기린과 오카피의 제1흉추는 언뜻 보면 비슷한 모양을 한 듯 보이지만, 극돌기棘突起의 길이나 기울기, 후방으로 튀어나온 돌기(후관절돌기後關節突起)의 형태 등 하나하나의 특징은 역시 크게 다르다. 그리고 기린의 제1흉추의 형태적 특징은 오카피의 제7경추가 지닌 특징과 제법 비슷하다.

형태적 특징이 다른 곳은 제1흉추뿐만이 아니다. 기린은

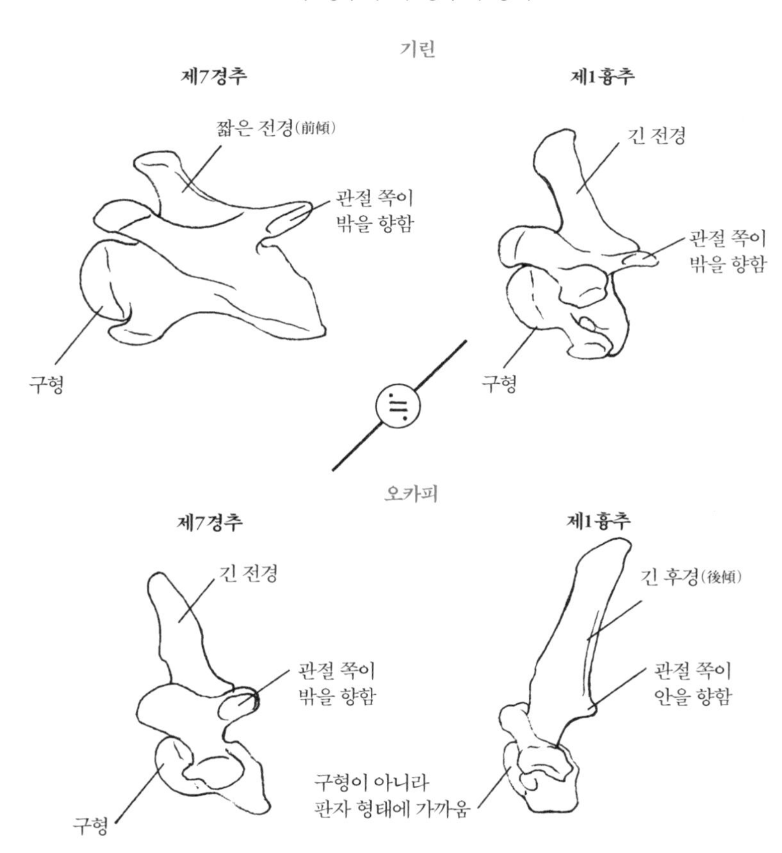

위가 기린, 아래가 오카피다. 제7경추끼리, 제1흉추끼리 형태의 특징은 각각 다르지만, 기린의 제1흉추와 오카피의 제7경추는 거의 비슷한 모양을 보인다.

제2흉추의 모양도 조금 달라서, 오카피의 제1흉추와 매우 비슷한 형태를 하고 있다.

저자는 뼈 형태의 특징과 더불어 "기린의 완신경총이 조금 뒤(꼬리 쪽)로 밀려나 있다."라는 점도 보고하면서, 기린은 목과 가슴의 경계가 이동한 것은 아닌지 주장했다. 그리고 최종적으로 "기린의 제1흉추는 원래 제7경추라고 파악할 수 있다."라는 결론을 내렸다.

현명한 독자 여러분이라면 이미 눈치챘겠지만, 이 논문은 대학교 3학년 때 엔도 교수님이 보내준 전혀 이해할 수 없던 바로 그 논문이었다.

이 논문을 다 읽고서 '참으로 재밌는 연구로구나.'라는 생각이 들었다. 몇 년 전 처음 읽었을 때는 재밌다고 느끼기는커녕, 끝까지 읽는 것조차 불가능했는데 말이다.

시간이 지나고 나서야 재미있는 연구임을 깨닫는 것은 흔한 이야기다. 재미없는 논문이라고 여겨지는 이유는 대부분 읽는 쪽의 지식 부족과 좁은 시야 탓이다. 무슨 일이든 만남에 어울리는 적절한 때가 있다. 이 논문은 대학교 3학년의 나에게는 너무 일렀다.

그나저나 나는 언제나 내 연구 주제를 스스로 찾아냈다고 생각했는데, 결국 교수님 손바닥 위에서 놀아났을 뿐이다. 교수님은 언제나 한 수 위다. 물론 교수님은 이 논문이 주장하는 것을 믿지 않으셨지만 말이다.

어둠에 묻힌 '기린의 경추 8개설'

'기린의 경추 8개설'을 믿지 않는 사람은 엔도 교수님뿐만 아니었다. 많은 연구자들이 이 가설을 부정적으로 인식하고 있었다.

돌이켜 보니, 이 논문의 최대 실패는 "기린의 제1흉추는 8번째 경추다."라고 단정지어 버린 데 있다. 제1흉추는 어디까지나 '흉추'이지, 절대 '경추'가 아니기 때문이다. 그렇다면 '경추', '흉추'란 뭘까.

경추와 흉추는 척주의 일부를 구성하는 뼈의 이름이다. 척주는 척추뼈라고 부르는 뼈가 여러 개 연결돼 이루어져 있다. 각각의 척추뼈는 몸의 부위에 따라 조금씩 다른 형태적 특징을 나타내며, 각각의 특징을 근거로 목 부분인 '경추', 몸통 부분인 '흉추', 허리 부분인 '요추', 골반 부분인 '천추', 꼬리에 해당하는 '미추'라는 5개 그룹으로 나뉘어 있다.

포유류의 경추와 흉추를 구별하는 가장 큰 특징은 갈비뼈의 유무다. 흉추 좌우에는 갈비뼈가 붙어 있지만 경추에는 갈비뼈가 없다.

그럼 기린의 제1흉추는 어떨까. 기린의 제1흉추는 오카피의 제7경추와 매우 비슷한 형태를 하고 있지만, 좌우에 확실히 갈비뼈가 붙어 있다. 아무리 뼈의 모양이 경추 같다고 해도 좌우에 갈비뼈가 붙어 있는 이상, 어디까지나 '흉추'다.

논문에 쓰여 있던 기린 제1흉추의 형태적 특이성은 매우 중요한 발견이었다. 하지만 저자는 그것을 '경추'라고 불러 버린 탓에 다른 연구자로부터 "무슨 소리야. 저건 뼈의 정의상, 아무리 생각해도 흉추라고!"라는 반발을 사, 발견 자체가 어둠에 묻혀 사라져 버린 것이다.

제1흉추가 혹시 움직일까?

기린의 경추 8개설이 기각되면서 기린의 특수한 제1흉추는 단순한 흉추 중 하나로 취급받게 되었다.

기린의 척추 구조

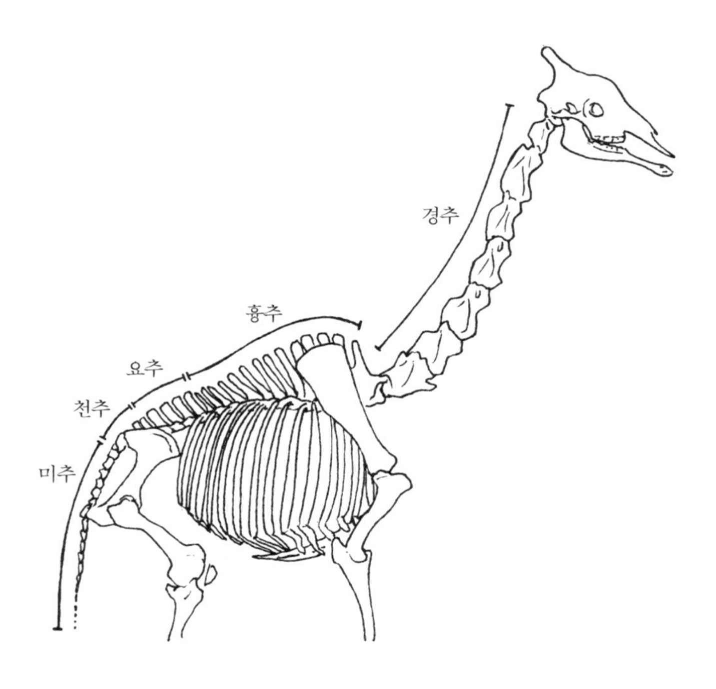

기린의 경추는 7개, 흉추는 14개, 요추는 5개, 천추는 4개, 미추는 18개 전후다. 경추 수와 요추 수는 사람과 같지만, 흉추 수는 사람보다 2개 많다.

그러나 뼈의 형태는 그 뼈의 운동 기능과 밀접한 관계가 있다. 관절의 모양이나 크기, 각도에 따라 뼈가 움직일 수 있는 범위가 결정되기 때문이다. 뼈의 형태가 특수하다면, 어떤 특수한 운동 기능이 있다고 생각하는 편이 자연스럽다.

오카피의 제7경추와 아주 비슷한 형태를 한 기린의 특수한 제1흉추도 단순한 흉추가 아니라, 어떠한 다른 기능을 지닌 것은 아닐까. 그렇다. 예를 들면 '경추 같은 기능을 하는 흉추'라든가. 나는 차츰 이런 생각을 하게 되었다.

그럼 '경추 같은 흉추'란 뭘까. 과거의 문헌을 조사해 보니, 경추는 상하좌우 다양한 방향으로 움직이며 머리의 위치와 방향을 바꾸는 역할을 한다고 한다. 그리고 목의 가장 기저부에 있는 제7경추는 목을 올렸다 내리는 움직임의 '거점' 기능을 하는 듯하다.

일반적인 포유류의 제7경추와 매우 비슷한 형태를 한 기린의 제1흉추는 흉추지만, 실제로는 제7경추처럼 목 운동의 거점 기능을 하는 것은 아닐까. 그런 생각이 머리를 스쳤다.

그러나 기린의 제1흉추 좌우에는 확실히 갈비뼈가 붙어 있다. 척추뼈의 운동은 갈비뼈의 영향으로 제한적일 것이다. 제1흉추가 움직일 수 없다면 거점으로서의 기능은 완수할 수 없다. 지금까지 기린 목의 해부는 여러 번 도전해 왔지만, 흉추 주위 몸통의 근육에 대해서는 제대로 조사해 보지 않았다. 더구나 흉추의 기능성 따위는 확인할 생각조차 하지 않았다. 좌우에 갈비뼈가 붙어 있는 흉추는 거의 움직이지 않으므로 목의 운동에 관여하는 뼈는 7개의 경추뿐이라는 것이 상식이었기 때문이다.

'기린의 제1흉추는 제7경추처럼 움직이는…… 걸까?'

나는 반신반의한 채로 기린의 특수한 제1흉추의 수수께끼를 쫓기로 했다. 기린이 죽기 쉬운 추운 계절은 코앞까지 다가와 있었다.

재밌는 읽을거리

운명 같은 인연, 운명 같은 연구

고등학교 3학년 겨울, 대입 시험을 눈앞에 둔 어느 날 밤 TV에 당시 교토대학에 근속하시던 엔도 교수님이 나오셨는데, 연구 이야기가 너무 흥미로워서 저는 푹 빠져 버리고 말았습니다. 함께 보고 있던 엄마가 "교토대를 지망할 걸 그랬나."라고 말했을 정도였습니다.

그런데 도쿄대에 입학한 뒤, 강의계획서에서 엔도 교수님의 이름을 발견했을 때는 정말 깜짝 놀랐습니다. 예전에 선생님이 "인생에서 진짜 중요한 사람은 어떤 길을 선택하더라도 반드시 만난다."라고 말씀하셨는데, 정말 그럴지도 모릅니다. 제가 대학에 떨어지거나 교수님이 도쿄대로 오시지 않았다 해도 저와 교수님은 어디선가 만났으리라는 예감이 듭니다.

교수님과 운명 같은 인연으로 얽혀 있다고 생각하면 솔직히 조금 무섭지만, 사실 저와 교수님은 생일이 같습니다. 놀랍게도 띠도 같은데, 딱 두 바퀴(24년) 떨어져 있습니다. 졸업한 지금도 생일에는 서로 "축하합니다."라고 메일을 보냅니다.

재학 중에는 이런저런 사건도 많았고 논쟁을 벌인 적도 많았지만, 언제나 피하지 않고 정면으로 상대해 주신 데는 정말 감사하고 있습니다.

무엇보다 감사하는 것은 처음 만났을 때 기린 연구를 하고 싶다고 말하는 제게 시원스레 "할 수 있다네."라고 대답해 주신 것입니다. 그 말을 믿고 그저 한결같이 앞으로 돌진할 수 있었습니다. 한 번도 "기린 연구 따위는 못 한다니까."라는 말을 하신 적이 없습니다. 어떤 때든 따뜻하게 지켜봐 주셨습니다.

늘 그렇게 생각했는데, 박사과정 2년 차가 끝날 무렵 충격적인 사건이 발생했습니다. "교수님께서는 기린 연구는 어려울 거라며 군지 선배를 말리려고 했는데, 아무리 말해도 듣지 않았다고 하시던데요."라고 후배가 이야기한 것입니다. 교수님의 기억이 잘못된 걸까요, 제 기억이 잘못된 걸까요.

졸업하고 반년 정도 지났을 무렵 어느 인기 심야 방송에 교수님이 나오셔서 보고 있는데, '기린의 8번째 목뼈' 이야기를 하셨습니다. 지금까지 TV나 라디오에 나와 기린 이야기를 하실 때도 내 연구 이야기는 꺼내지 않으셨는데, 어쩐지 교수님에게 처음으로 인정받은 것 같아 기뻤습니다.

창피해서 직접 말씀드리진 못했으니 여기 써 두기로 할까요. 제 책 따윈 절대로 읽지 않으실 테니. 교수님, 지금까지 늘 감사했습니다. 앞으로도 잘 부탁드립니다.

재밌는 읽을거리

논문은 타임머신

연구 논문은 몇 년이 지나도 영원히 남습니다. 특히 해부학은 관찰에 근거한 기록을 토대로 하고 있어서, 기술이나 장치의 발달에 따라 결과가 뒤바뀌는 일이 매우 적습니다. '미래에 남기 쉬운 학문'이라고 말할 수 있을지도 모릅니다.

저도 100년도 더 전에 출판된 논문을 읽을 때가 적지 않습니다. 어느 날 1839년에 발표한 기린의 근육과 내장에 관한 논문을 읽고 있었습니다. 저자는 리처드 오언Richard Owen. 19세기의 해부학자이자 고생물학자로 '공룡'이라는 단어를 탄생시킨 것으로 유명한 인물입니다. 그의 논문 중에 이런 문장이 있었습니다.

"기린은 사각근斜角筋이 가장 강하게 발달해 있다."

"맞아요!"

저도 모르게 그렇게 외칠 뻔했습니다. 기린의 사각근은 매우 탄탄합니다. "가장 강하게 발달했다most powerfully developed." 라고 써 버린 심정을 충분히 이해합니다.

사각근은 목의 심부에 있는 근육과 경추를 잇는 근육으로 목을 좌우로 향하게 하는 역할을 합니다. 상완이두근이나 활배근 등에 비하면 상당히 존재감 없는 근육으로, 수수해서 눈에 들어오지 않는 근육이라 할 수 있습니다.

처음으로 기린의 사각근을 봤을 때는 사슴이나 양 같은 다른 동물과 너무 달라 놀랐습니다. 같은 근육이라고 생각할 수 없을 만큼 기린의 사각근은 굵고 튼튼했습니다.

"사각근이 이렇게 발달해 있다고!? 대단해!"

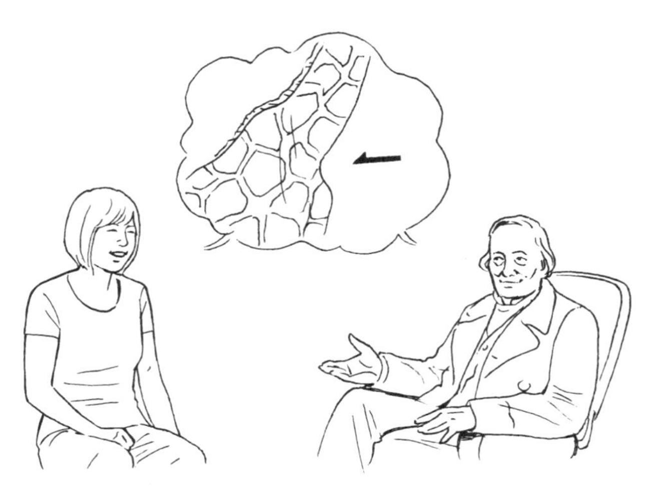

군지 메구 (1989~)

리처드 오언 (1804~1882)

흥분한 나머지 저도 모르게 사진을 몇 장이나 찍었을 정도입니다. 아마 누구도 공감할 수 없는 흥분일 것입니다.

오언의 논문을 읽고, 제가 해부를 통해 본 구조가 100년도 더 전에 오언이 본 것과 똑같은 구조라는 당연한 사실을 처음 실감했습니다.

오랜 시간이 흐른 뒤 같은 구조를 보고 같은 느낌을 받다니, 참으로 불가사의한 기분입니다. 그리고 어쩐지 너무나 기쁩니다. 태어난 시대도 장소도 다른 오언과 대화를 한 것 같은 기분입니다.

제 논문도 100년 후의 낯선 누군가가 읽고서 '그래, 그래. 기린의 근육은 이렇게 돼 있다고!'라며 공감하고 머릿속에서 저와 대화를 나눠 줄지도 모릅니다. 그렇게 보니 해부학 논문은 어쩐지 타임머신 같습니다.

제5장

제1흉추를 움직이는 근육을 찾아서

목의 기저부를 상하지 않게

'기린의 제1흉추가 움직이지 않을까?'

이런 가정을 한 이후 기린의 제1흉추 주위 근육에 대한 보고가 없는지 닥치는 대로 조사하고 있었다. 해부학은 역사가 긴 학문이므로 1800년대에 작성된 논문까지 거슬러 올라가 보았다. 영어뿐 아니라, 독일어나 프랑스어로 된 책과 논문까지 살펴보았지만, 이렇다 할 만한 내용은 발견하지 못했다. 아무래도 이 부분의 근육에 대해서는 과거 자료가 없는 듯했다.

2012년 9월 초순 연구실 세미나에서 처음으로 이 가설을 이야기한 뒤, 그 길로 엔도 교수님 방으로 가 이렇게 말을 꺼냈다. "교수님, 목의 기저부 부분을 절단하지 않고 기린의 사체를 옮기는 게 가능할까요?"

앞서 몇 번 이야기했지만, 기린의 사체를 운반할 때는 아무래도 몸을 몇 개의 부위로 나눌 수밖에 없다. 기린의 체중은 1톤 이상 나가기도 한다. 동물원 깊숙한 곳에 있는 사육 공간에서 죽어 버리면, 사체를 통째로 실어 내기가 매우 힘들다. 대부분 사지를 추려낸 후 목의 기저부에서 척주를 분리해 '머리와 목', '몸통'으로 이등분해서 총 6조각으로 만들어 실어 낸다. 뼈의 연결 부위를 들어내 분해하기 때문에 골격에는 영향이 없지만, 목과 몸통의 경계부 근육이 손상돼, 근육의 구조를 이해하기가 매우 어려워진다.

아마 과거에 기린을 해부한 연구자는 다들 같은 벽에 부딪혔을 것이다. 기린 목의 근육 구조 자체는 1839년에 출판된 논문에서 비교적 자세히 보고됐고 상당히 깔끔한 해부도도 게재돼 있다. 그런데 목 근육의 기록은 목의 기저부에서 돌연 끝나 버린다. 해부도에도 제7경추 주위의 근육까지밖에 그려져 있지 않다. 아마 해부했던 개체가 이 부분에서 이미 절단돼 있었기 때문일 것이다.

"이 가설을 증명하려면, 목과 몸통의 경계부 근육을 관찰해야 합니다. 교수님이라면 절단돼 있어도 근육의 구조를 이해하실 수 있겠지만, 지금의 제 실력으론 아무래도 불가능합니다. 어떻게 이 부분을 파괴하지 않고서 운반할 수 없을까요?"

내 질문에 대해 교수님은 바로 대답하지 않으셨다. 팔짱을 끼고 허공을 바라보셨다. 그리고 조금 생각한 뒤, 이렇게 말씀하셨다.

"음. 목의 중간을 절단하면 목의 기저부를 상하게 하지 않고도 사람 힘으로 실어 낼 크기가 되지 않을까. 다음에 기린이 죽었을 때는 동물원 쪽에 부탁해 보겠네."

위기를 기회로 바꾸다

'잘 생각해 보면, 대도시 도쿄 한복판에 있는 대학 캠퍼스 안에서 태연하게 기린 해부를 해 왔다는 사실 자체가 이상한 일이야.' 2012년 12월, 평일 낮에 오다큐 급행小田急線 안에서 덜컹덜컹 흔들리며 이런 생각을 했다.

지금까지는 어떤 동물이든 기본적으로 도쿄대 혼고本郷 캠퍼스 안에 있는 종합연구박물관에서 해부해 왔다. 그런데 내가 석사과정으로 진학하고 조금 지났을 무렵, 몇 가지 이유가

겹치면서 더 이상 대학 박물관에서 대형 동물을 해부할 수 없게 되었다.

기린이나 코끼리 등의 대형 동물은 너무 커서 실내 해부실에 들어갈 수가 없다. 그래서 대형 동물 사체가 운반돼 왔을 때는 박물관과 옆 건물 사이에 있는 조그만 공터에서 작업했다. 구색을 갖추려 파란 시트를 쳐 두긴 했지만, 사체를 해부하는 모습을 완전히 가리진 못했다. 박물관에 찾아오는 관람객이나 이웃 연구 시설 사람들 눈에 띄는 일도 종종 있었다.

공터 바로 근처에 흡연실이 설치된 후로는 담배를 피우러 온 이웃 시설의 연구원이 기린이나 코끼리 사체를 발견하고 깜짝 놀라는 일이 한두 번이 아니었다. 이런저런 사정으로 더욱 사람 눈에 띄지 않는 장소에서 해부하는 편이 낫지 않겠느냐는 이야기가 나온 것이다.

"그래서 이번 기린 사체는 도쿄대가 아니라 오다와라小田原의 박물관으로 옮깁니다. 새로운 해부 장소를 찾기 전까지 대형 동물 해부는 이곳 신세를 지는 일이 많을지도 모릅니다. 전 지금부터 가고시마로 날아가 동물원에서 기린 사체의 반출을 돕고 올 테니, 받는 쪽은 가림막 등의 준비를 해주십시오."

기린의 부고와 함께 엔도 교수님에게 이런 이야기를 전해

들은 나는 평소처럼 일손을 확보하고 해부 도구를 준비한 뒤 하코네箱根의 산기슭에 있는 가나가와현립 생명의 별·지구박물관神奈川県立生命の星·地球博物館으로 향했다.

기린과 오카피가 죽으면 연락주세요

이즈음부터 나는 다른 연구 기관 사람들이나 동물원 관계자를 만날 때 연구실 세미나에서 사용한 연구 발표 자료를 인쇄해 들고 갔다. 이유는 두 가지였다.

하나는 가능한 한 많은 기린을 해부하기 위해서다. 기린의 사체는 반드시 내가 소속한 기관으로 기증되지는 않는다. 국립과학박물관 연구부나 그날 방문한 가나가와현립박물관 등으로 기증되기도 한다. 자기 소속 기관이 아닌 곳에 기증된 기린을 해부하려면, 그 기관에서 '기린 사체가 들어왔는데, 군지 씨에게 연락할까?'라고 생각해 주는 것이 무엇보다 중요하다.

또한 앞에서 설명했듯, 내가 주목하고 있던 목의 기저부 부분은 동물원에서 박물관으로 사체를 실어 낼 때 잘 손상되는 부위다. 그래서 박물관이나 대학 관계자, 동물원 직원과 만날 때는 자료를 보여 주면서 "목 기저부 부분을 상처 내지 않고 기증해 주시면, 이런 재밌는 발견으로 이어질 수도 있어요! 만약 가능하다면, 상처 없이 보내 주시면 감사하겠습니다."라고 부탁할 수 있도록 준비했다.

또 하나의 이유는 오카피다. 오카피는 현재 지구상에 서식하는 동물 중 기린과 가장 가까운 동물이다. 기린과에 속하면서도 목은 그다지 길지 않고 무늬도 전혀 다르다. 하얀빛 얼굴에 짙은 갈색 몸, 얼룩말 같은 무늬의 네 다리. '숲의 귀부인'이라는 별명에 고개가 끄덕여질 만큼 서 있는 모습에서 기품이 흐른다. 20세기에 들어와 발견된 동물로, 판다, 피그미하마와 함께 세계 3대 희귀 동물의 일원이기도 하다.

오카피에 대한 연구는 기린보다도 훨씬 적어서 근육의 구조도 거의 알려지지 않았다. 기린의 근연종인 목이 짧은 오카피를 해부해 기린의 목 구조와 비교할 수 있으면, 기린 특유의 구조가 무엇인지 밝힐 수 있다. 하지만 오카피를 해부할 수 있는 기회는 정말 적다. 사육 두수가 압도적으로 적기 때문이다. 오카피를 해부해 보고 싶다는 일념 하나로 발표 자료를 보여 주며 연구 내용을 설명한 뒤 명함을 건네고 마지막에는 언제나 이렇게 말했다.

"오카피가 죽으면 언제라도 날아올 테니 연락해 주세요."

세계 3대 희귀 동물

판다, 오카피, 피그미하마. 우에노동물원에서는 세 동물을 모두 볼 수 있다. 덧붙이자면, 엔도 교수님은 세 동물을 다 해부하고 연구해 논문을 발표하셨다. 나는 아직 오카피밖에 해부해 보지 못했다. 교수님은 역시 대단하다.

냉동고에 잠든 오카피 표본

그날도 가고시마의 동물원에서 기린 사체가 도착하기를 기다리는 동안, 늘 그렇듯 영업 활동을 하고 있었다. 지참한 자료를 박물관 직원에게 건네고 기린 목의 기저부 구조에 흥미가 있다는 사실과 제1흉추는 움직이지 않을까 추정하고 있다는 것 그리고 그 근거에 대해 설명했다. 그러자 이야기를 듣고 있던 직원 중 한 명이 말을 꺼냈다.

"과연 그렇군요. 그럼 오카피를 해부해 보고 싶지 않아요? 저기, 우리 냉동고 안에 새끼 오카피 사체가 있었지?"

박물관 뒷마당의 냉동고에는 대체로 표본이 가득 쌓여 있다. 직원을 따라 들어간 가나가와현립박물관의 냉동고도 언제나 그렇듯 종이 상자와 비닐봉지 안에 든 동물 사체가 천장 근처까지 쌓여 있었다. 이 안에 오카피 사체가 있단 말인가. 이야기가 그렇게 잘 풀릴까.

"확실히 이 근처일 텐데."라고 중얼거리던 직원이 냉동고 한쪽 구석에 쌓인 종이 상자를 꺼내 내려 주고 갔다. 내려놓은 상자를 방 한쪽 구석으로 옮기면서 상자 안에 든 것을 하나하나 꺼내자 안에서 반투명한 비닐봉지에 덮여 있는 한 아름 정도 크기의 표본이 나왔다.

냉동고에서 꺼내 주뼛주뼛 봉지를 열고 안에 들어 있는 라벨을 확인하자, 확실히 '오카피'라고 쓰여 있었다. 봉지 틈으로 들여다보이는 얼굴을 봐서도 오카피가 확실하다.

이 개체는 딱 1년 전인 2011년 12월에 태어난 지 얼마 되지 않아 죽어 버린 새끼 오카피였다. 만약 이것이 어른 오카피였다면 너무 커서 냉동고에서 보관할 수 없어서 그 자리에서 바로 해부해 버렸을 것이다. 냉동고에 들어갈 수 있는 작은 크기의 새끼라 '희귀한 종이니까, 일단 냉동해 둘까.'라는 결정을 내린 것이다.

가죽은 이미 벗겨지고 사지는 제거돼 버렸지만, 목과 몸통의 경계 부분은 무사했다. 참으로 운명이라고 생각할 수밖에 없다. 박물관 학예원과의 교섭 결과 "귀중한 사체라 그다지 손상하고 싶지는 않지만, 목 기저부 부분만이라면 해부해도 괜찮습니다."라는 답을 받았다.

그토록 원했던 오카피 사체가 손에 들어왔다. 이제 '기린의 제1흉추의 수수께끼'를 푸는 데 필요한 조각은 거의 다 나왔다. 앞으로는 내 노력에 달려 있었다.

목과 몸통이 절단되지 않은 첫 기린

새끼 오카피와의 운명적인 만남으로 잊어버렸을지도 모르지만, 이날 내가 가나가와현립박물관에 온 진짜 목적은 기린의 해부였다.

직원과 오카피 이야기로 열을 올리고 있는 사이 익숙한 트럭이 도착했다. 먼 거리를 마다하지 않고 찾아온 기린은 가고시마시 히라카와동물원平川動物園에서 사육하던 마사이기린 '후지フジ'다.

후지는 당시 국내 마사이기린 중에서 최고령인 19세 8개월이었다. 몸이 크고 전체적으로 상당히 어두운 편이었으며 그물무늬 부분도 진한 갈색을 띠고 있었다. 머리도 상당히 울퉁불퉁했는데, 성숙한 수컷의 특징이다. 오카피 사체도 애타게 기다린 만남이었지만, '후지'도 대망의 기린이었다. 부고 전화가 걸려 왔을 때, 동물원 측에 목과 몸통을 절단하지 않았으면 한다고 부탁했기 때문이다.

사체를 실은 트럭으로 다가가 짐칸을 들여다보니, 확실히 목 끝에서 허리까지 하나로 연결돼 있었다. 됐다. 됐어. 이 기린이라면 제1흉추 주위의 관절 구조를 찬찬히 관찰해, 제1흉추를 움직이는 근육이 있는지 조사할 수 있다.

힘든 와중에도 내 요구에 응해 주신 동물원 분들에게 진심으로 감사드리며 반입 준비를 진행했다. 해부실 반입구에 트럭을 갖다 대고 짐칸에서 사체를 끌어내리려 시도했다. 목과 몸통이 연결돼 있어서 평소보다 각각의 조각이 큰 탓에 트럭 아저씨와 함께 둘이서 밀어 봤지만, 꿈쩍도 안 했다. 박물관 직원의 도움까지 받아 다섯 명이 한 조로 어찌어찌 기린을 움직여 해부실에 사체를 내렸다. 한겨울임에도 다들 땀범벅이었다. 해부 전부터 근육통의 전조를 느꼈다.

나흘간의 분투

제1흉추 주위는 대체 어떤 구조로 이루어져 있을까? 과연 제1흉추는 움직일까? 수수께끼를 풀 수 있을까? 불안과 기대가 뒤섞였다. 가슴의 흥분이 가라앉지 않았다.

해부실 바닥에 누운 후지의 거대한 몸 옆에 앉아 '자, 이제 어떻게 할까?' 생각했다. 지금은 가나가와현립박물관에서 해부 작업을 벌이고 있지만, 그 뒤 골격 표본 제작은 예전처럼 도쿄대에서 해야 했다. 어느 정도 작업을 마치면 이 기린을 다시 트럭에 싣고 도쿄대로 옮길 예정이었다. 수송 스케줄은 나흘 뒤로 잡혀 있었다.

나흘 동안으로는 도저히 모든 해부를 마칠 수 없었다. 게다가 목 끝에서 허리까지 이어진 상태로는 무거워서 들어 옮길 수도 없었다. 그럼 어떻게 할까? 트럭이 오기 전까지 목과 몸통이 이어진 거대한 조각을 사람 힘으로 들어 올릴 수 있는 무게로 만들 수밖에 없었다. 사체를 도쿄대로 옮기고 난 후에는 시간을 들여 찬찬히 해부할 수 있을 것이었다.

그렇다면 지금 가장 중요한 작업은 당장 관찰할 수 있는 근육만 제거하며 가볍게 만드는 일이었다. 도와주러 온 연구실 동료가 옆에서 사지를 해체하는 동안 나는 목의 가죽을 벗기는 일을 시작했다. 먼저 지금까지 해 온 해부를 통해 구조를 파악하고 있는 부분부터 관찰하기 시작했다. 근육이 어느 뼈에서 어느 뼈를 향하는지 기록하고 들어냈다. 목덜미에 있는 탄탄한 근육을 들어내면 충분히 가벼워지리라 생각했다.

'이제 옮길 수 있지 않을까?' 시험 삼아 들어 올려 보려 했지만, 움직일 기미도 없었다. 아직은 사람 힘으로 들어 올릴 만한 정도의 무게가 아니었다. 남아 있는 측면 근육을 떼어

낼까 했지만, 그래봤자 무게를 줄이는 데 큰 기여는 하지 못할 터였다. 어떻게 해야 하나. 사체 반출일은 다음 날로 다가왔다.

조금 고민하다가 결단을 내렸다. 목 중간을 절단해 가볍게 만들자. 단, 제1흉추 주변 구조를 관찰하고 싶으니까 절대 목 기저부에서 절단하면 안 된다. 사람 힘으로 옮길 수 있을 정도로 가볍게 하려면 어디서 절단해야 좋을까.

후지의 사체를 더듬어 뼈의 위치를 찾았다. 여기가 제5경추다. 절단하려는 위치를 파악하고 그 부분을 신중하게 해부해 나갔다. 대충 절단해 버리면, 어느 근육과 어느 근육이 연결돼 있었는지 알 수 없지만, 해부해서 기록을 얻은 뒤 근육을 절단하면 분명히 나중에도 구조를 파악할 수 있을 것이었다.

다시 트럭이 왔을 때, 후지의 사체는 거의 뼈만 남아 있었다. 고기가 붙어 있는 것은 내가 곧이어 해부할 두 개의 조각뿐이었다. 제1경추에서 제5경추까지 연결된 120센티미터 정도의 '목 상방부' 조각과 제6경추에서 제6흉추까지 100센티미터 정도 되는 '목과 가슴의 경계부' 조각이었다. 둘 다 혼자서 옮기기는 힘든 무게지만, 두 사람이라면 어찌어찌 들어 올릴 수 있어 보였다.

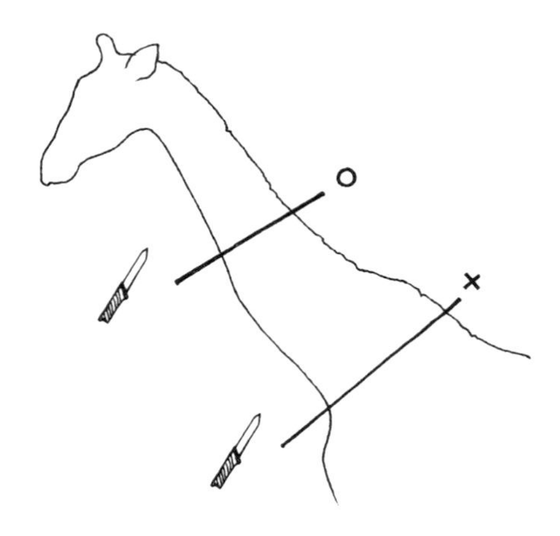

목의 기저부 근육을 건드리지 않도록 목 한가운데를 절단한다.

후지의 사체를 실은 트럭을 배웅하고서 연구실에서 대기하고 있는 선배에게 전화를 걸었다. 지금부터 도쿄대로 출발한다 해도 트럭보다 늦어질 수밖에 없다. 선배에게 트럭 도착 예정 시간을 알려주고 살점을 발라내도 괜찮은, 즉 쇄골기에 넣어도 좋은 부분과 해부를 위해 보존해 두었으면 하는 부분에 대해 설명했다. 실수로 해부할 부분을 용기에 넣어 버리면 큰일이다. 몇 번이나 설명하고 거듭 당부했다.

몇 시간 뒤, 선배에게서 무사히 도착했고, 해부할 두 조각을 냉동고에 넣어 뒀다는 연락이 왔다. 긴장이 풀리니 피로가 한 번에 몰려왔다. 피곤했다. 비몽사몽 간에 어찌어찌 집에 도착해 이불 속으로 기어들었다. 한 번 푹 쉰 다음 기운을 회복하고서 기린 목의 기저부 구조와 맞서야지. 과연 어떤 구조로 이루어져 있을까? 두근거리는 가슴을 안고 나도 모르는 사이에 잠에 빠져들었다.

제1흉추를 움직이는 근육을 찾아서

2012년 12월 28일, 며칠 동안의 휴식으로 완전히 쌩쌩해진 나는 다시 후지의 사체와 마주하고 있었다. 이번에는 확실한 목표가 있는 해부였다. 자연스럽게 어깨에 힘이 들어갔다. 그렇다. 기린의 제1흉추를 움직이는 근육을 찾아야 했다.

지금까지는 주로 목의 측면과 윗부분의 근육을 관찰했다. 딱히 이유는 없었지만, 목의 아래쪽 근육은 해부해 보지 않았다. 그렇지만 이번에는 아래쪽 근육이 중요하다. '제1흉추는 상하 방향으로 잘 움직이는, 목의 운동 거점 기능을 하지 않을까?'라는 가설을 세웠기 때문이다. 경추의 전면부에는 목을 숙이는 운동을 담당하는 경장근(목긴근, longus Colli muscle)

이 있는데, 경추와 흉추의 전면부를 위아래로 연결해서 목을 굴곡시키는 역할을 담당한다. 이번에는 이 근육의 구조를 확실히 관찰해야 했다.

경장근은 몸통 부분에서 목의 끝까지 이어지는 매우 길고 튼튼한 근육이다. 나는 언제나처럼 근육이 어느 뼈와 어느 뼈를 연결하는지 신중하게 기록해 나갔다. 지금까지와는 달리 '연구로 이어지는 해부'였다. 자연히 스케치에도 더욱 집중했다.

해부학 교과서에는 이 경장근을 두 부분으로 나누어 기술하는데, 목의 끝 방향을 움직이는 '경부'와 목의 기저부 부분을 움직이는 '흉부', 이렇게 둘로 나누고 있다. 이 경장근 흉부의 일부가 제1흉추를 움직이는 구조로 변화했음이 틀림없다고 추측하고, 경장근 흉부의 부착부를 자세히 관찰해 보기로 했다. 교과서나 논문을 보면 소에서는 경장근 흉부의 '부착부'는 제6경추인 듯했다. 기린은 어떨까.

해부를 진행해 나가니 기린은 경장근 흉부 부착부가 조금 다르다는 사실을 알 수 있었다. 소나 산양과는 달리, 제6경추뿐만 아니라 제7경추에도 경장근이 부착하는 것이었다. '이 부분의 구조가 다르지 않을까?'라고 예상하고 해부해 봤더니 예상대로 다른 구조를 관찰할 수 있었다. 처음 해 보는 경험

근육의 기시부와 부착부

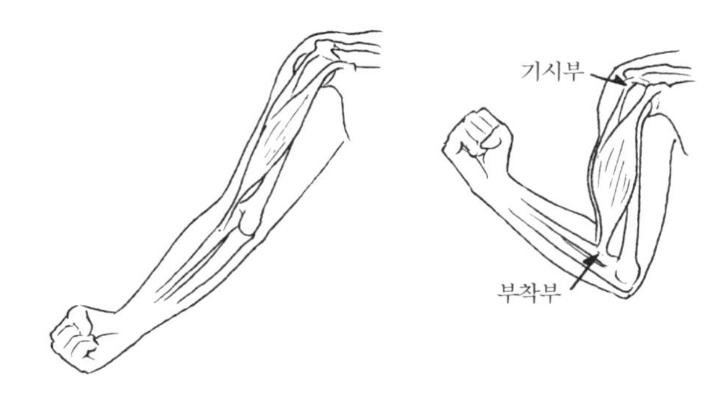

근육의 부착 부위 중, 근육이 수축했을 때 힘줄이 연결되어 움직이는 부분(힘이 작용하는 부분)을 '부착부', 근육이 수축해도 움직이지 않는 부분(힘의 거점이 되는 부분)을 '기시부'라고 부른다.

이라 가슴이 뛰었다.

그런데 기린에서 경장근 흉부의 구조가 약간 다르다는 사실은 알았지만, 핵심인 '제1흉추를 끌어당겨 움직이는 근육'이 눈에 띄지 않는다. 제6경추와 제7경추에는 근육이 힘줄로 이행되는 튼튼한 힘줄로 근육이 부착하지만, 제1흉추에는 힘줄 상태로 근육이 부착하지 않는다. 이렇다면 근육이 수축할 때 제6경추나 제7경추는 움직이지만, 제1흉추는 움직이지 않는다.

그럴 리 없다는 생각에 몇 번이나 신중하게 거듭 관찰해 봤지만, 역시 그런 근육은 존재하지 않았다. 도대체 어떻게 된 일일까? 기린의 제1흉추는 움직이지 않는 걸까?

2012년 섣달그믐 밤 8시, 나는 엔도 교수님에게 이런 메일을 보냈다. "기린 후지를 해부하고 있는데, 역시 경장근은 상당히 다릅니다. 예상과는 조금 다르지만, 뼈의 형태만 '후퇴(뒤쪽으로 밀려난 상태)'한 것이 아니라, 근육 구조도 '후퇴'한 듯합니다. 새해에는 기린을 보면서 이야기할 수 있으면 기쁘겠습니다. 그럼 교수님도 새해 복 많이 받으세요."

연말연시의 기린 해부는 완전히 일상이 되어 있었다.

여전히 보이지 않는 근육

후지를 해부할 때는 결국 제1흉추를 움직이는 근육을 발견하지 못했다. 목의 기저부를 해부하는 것은 이번이 처음이라 틀림없이 제대로 이해하지 못해서 그런 것일 뿐이다. 아니면 해부 중 부주의로 절단해 버려서, 관찰할 수 없었던 것인지도 모른다. 제1흉추를 움직이는 근육은 분명히 있다. 다음에 해부할 때는 반드시 제1흉추를 움직이는 근육을 발견해 낼 것이다. 그렇게 자신을 격려하고 다음 기회를 기다리기로 했다.

그로부터 3주 뒤인 1월 28일, 기린 부고가 날아왔다. 고베시립왕자동물원에서 사육하던 시게지로라는 젊은 수컷 마사이기린이었다. 이번이야말로 해내겠다고 단단히 마음먹고 다시 가나가와현립박물관으로 향했다.

이번에도 동물원에 부탁해 목과 가슴의 경계 부분을 다치지 않도록 해체해서 받았다. 시게지로의 목은 제2경추와 제4경추 사이에서 절단돼, 머리에서 제3경추까지인 '목 윗부분'과 제4경추에서 제8흉추까지인 '목에서 몸통'의 두 개 부위로 나뉘어 있었다. 내가 후지의 사체를 도쿄대로 운송할 때 적용한 분리법과 거의 같았다.

후지 때를 떠올리며 신중하고 찬찬히 해부를 진행해 나갔다. 이번이야말로 제1흉추를 움직이는 근육을 발견하고 싶었다. 그런데 제1흉추를 움직이는 근육은 역시 발견하지 못했다.

'어쩌면 그런 근육 따윈 없을지도 몰라.' 불길한 생각이 머리를 스친다. '음……. 역시 제1흉추가 움직이는 일은 일어날 수 없는 걸까.'

그런데 눈앞에 누워 있는 시게지로의 사체를 바라보고 있으니, 뭔가 눈에 띄었다. 지난번부터 주목하고 있는 '경장근'이 제7흉추까지 뻗어 있는 것이었다. 후지 때는 가나가와현립박물관에서 도쿄대로 운송할 때 제6흉추와 제7흉추 사이를 절단했는데, 아무래도 그때 경장근을 중간에서 잘라 버렸나 보다.

"경장근의 꼬리 쪽 끝부분은 제7흉추에 붙어 있음"이라고 노트에 메모했을 때, 퍼뜩 깨달았다. '어라. 경장근이란 보통 제6흉추까지 아니었나?' 그렇다. 그래서 후지 때는 제6흉추와 제7흉추 사이를 절단했다.

노트 옆에 놓인 교과서 복사본을 확인해 봤다. 역시 그랬다. 산양이나 사슴 등에서는 경장근 흉부의 가장 끝쪽이 제6흉추에 붙어 있다. 역시 기린은 산양이나 사슴과는 다르게 근육의 부착 위치가 척추뼈 하나 분량만큼 뒤로 밀려났다.

뼈의 형태와 마찬가지로 근육의 구조도 조금 '후퇴'한 듯했다. 그렇다면 제1흉추를 움직이는 구조도 있을지 모른다. 포기하기엔 아직 일렀다.

재밌는
읽을거리

기린의 뿔은 몇 개일까요?

"기린의 뿔은 어떤 감촉인가요? 부드러운가요? 무슨 역할을 하나요?" 일반인을 대상으로 하는 강연이나 박물관 이벤트 등에서 가장 자주 듣는 질문이 기린의 뿔에 대해서입니다.

뿔이 달린 동물은 많습니다. 포유류만 해도 소나 사슴, 코뿔소 등 다양한 동물이 멋진 뿔을 가지고 있습니다. 그중에서 기린의 뿔은 확실히 이질적입니다. 기린의 뿔은 소나 사슴의 뿔에 비해 상당히 짧고 털로 덮여 있으며 끝이 뭉툭합니다. 다른 동물의 뿔에 비해 상당히 미덥지 않은 모습입니다.

사실 기린의 뿔은 소나 사슴, 코뿔소의 뿔과는 전혀 다른 구조로 되어 있습니다. 소나 사슴의 뿔은 '전두골前頭骨(이마뼈)'이라고 부르는 머리뼈 일부가 돌출형으로 뻗어 이루어져 있습니다. 사슴뿔은 뼈가 그대로 노출돼 있고 소뿔은 뼈 위에 케라틴Keratin으로 이루어진 껍질이 덮여 있습니다. 케라틴이란 털이나 피부, 손톱 등을 구성하는 성분입니다.

사슴과 소는 뿔의 특징이 다르기 때문에, 얼굴이나 체형이 호리호리해서 소처럼 보이지 않는 동물이라도 뿔을 관찰해 보면 소인지 아닌지 구별할 수 있습니다. 예를 들어 일본산양 Capricornis crispus은 산양이라고 부르지만, 검은 껍질로 덮인 뿔을 보면 소의 근연종임을 알 수 있습니다. 덧붙이자면, 코뿔소의 뿔은 케라틴 덩어리이며 안에 뼈는 들어 있지 않습니다.

그럼 기린의 뿔은 어떤 구조로 이루어져 있을까요? 기린도 소나 사슴과 마찬가지로 뿔 안에는 뼈가 있습니다. 다만, 소나 사슴처럼 머리뼈 일부가 돌출해 변화한 경우가 아닙니다. 피부(진피) 속에서 형성된 '피골皮骨'이라고 부르는 조금 다른 뼈입니다.

피골이라는 단어는 낯선 분들이 많으리라 보는데, 알기 쉬운 예로 아르마딜로의 등딱지에 들어 있는 뼈 따위가 피골입니다. 악어 등의 울퉁불퉁한 부분에도 피골판이라고 부르는 판자 형태의 피골이 하나씩 늘어서 있습니다.

피골은 머리뼈와는 관계없이 피부 속에서 독자적으로 생성된 뼈입니다. 그래서 기린 뿔의 뼈는 처음에는 머리뼈와는 다른 독립한 부위로 존재합니다. 젊은 기린으로 골격 표본을 만들면 뿔의 뼈가 머리뼈에서 떨어져 버립니다.

단, 몸이 성장해 가면서 뼈의 뿔과 머리뼈가 서서히 아물어 붙습니다. 개체 차가 크지만, 대체로 7~8살쯤에 아물어 붙기 시작해 최종적으로는 뿔의 뼈와 머리뼈의 경계가 완전히 사라져 버립니다.

뿔 속에 뼈가 들어 있으므로 부딪치면 당연히 매우 아픕니다. 전에 크레인에 달린 기린 머리가 팔에 힘껏 부딪친 적이 있는데, 뼈가 부딪친 곳에 시퍼런 멍이 크게 들었습니다. '뽀

기린의 뿔은 3개

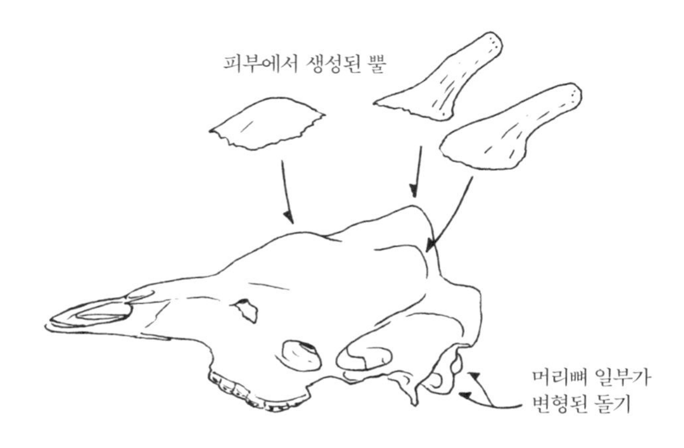

뽀송뽀송한 털로 덮인 둥글고 귀여운 뿔이지만, 속은 단단한 뼈다. 두정부頭頂部의 2개와 이마의 1개는 '피골'로 이루어진 뿔이며, '4, 5번째 뿔'이라고 자주 소개되는 것은 후두부의 뼈가 변형돼 생긴 돌기다.

송뽀송한 털이 나 있는 귀여운 뿔'이라고 여길지도 모르지만, 목을 붕붕 휘두르며 싸우는 기린의 뿔은 상당히 위협적입니다. 그리고 훌륭한 무기입니다.

아, 그렇지. 기린의 뿔이라고 하면 뿔의 개수 이야기도 빠질 수 없습니다. 최근 동물 잡학책 등에서 '기린 뿔은 5개'라고 설명하는 것을 자주 발견합니다. '기린 뿔 5개'라고 검색하면, 기린의 뿔이 5개임을 설명하는 기사나 블로그 글이 많이 나옵니다. 읽어 보면 기린의 뿔은 머리에 2개, 이마에 1개 그리고 후두부에 2개 있다고 합니다. 기린 뿔은 정말 5개일까요?

결론부터 이야기하자면, 기린의 뿔은 머리 위의 2개와 이마의 1개를 합한 3개입니다. 머리 위의 2개와 마찬가지로 이마의 돌출부도 피부에서 생성된 어엿한 뿔입니다. 이마의 뿔도 역시 새끼 때는 머리뼈와 떨어진 다른 부위입니다.

나머지 2개의 '뿔'이라고 여겨지는 '후두부 돌기'는 머리뼈 일부가 변형된 것이며, 다른 뿔처럼 피부에서 생성된 것이 아닙니다. 성숙한 수컷 기린은 눈 위에 혹처럼 돌기가 있는 개체도 많은데, 그것도 머리뼈 일부가 변형된 것입니다. 외국의 전문 서적에는 기린의 뿔이 3개라고 나와 있습니다.

책이나 논문을 읽어 보면 매우 드물게 후두부 돌기가 발달해 마치 뿔이 5개의 있는 것처럼 보이는 기린이 태어나기도 한다고 합니다. 그런 정보가 돌고 돌아 '기린의 뿔은 5개'라는 가짜 정보로 변질된 것 아닐까요?

결국 '기린의 뿔 5개설'이 널리 퍼졌지만, 저는 기린 뿔은 3개라고 주장합니다. 피부에서 형성된 뿔은 기린의 근연종에서밖에 볼 수 없는 특징 중 하나이기 때문입니다. 게다가 뿔 3개만으로도 다른 동물에겐 없는 충분히 독특한 특징입니다.

제6장

흉추인데 움직일까?

갈비뼈가 있어도 움직일까?

2012년 막바지부터 2013년 봄까지 나는 잇따라 네 마리나 되는 기린을 해부했다. 앞에서 이야기한 후지와 시게지로의 해부를 끝낸 뒤, 치바시동물공원의 '류오'와 요코하마시립노게야마동물원横浜市立野毛山動物園의 '마린マリン'을 해부했다.

나는 '해부 수행'을 거치면서 기린 목의 근육 구조를 전체적으로 파악하고 있었다. 하지만 중요한 제1흉추를 움직이는 근육은 아직 발견하지 못했다. 자신감이 점점 사라졌다. 기린의 제1흉추는 정말 움직이는 걸까.

애초에 좌우에 갈비뼈가 붙어 있기 때문에 가령 제1흉추를 움직이는 근육이 있다고 해도 갈비뼈의 영향으로 움직임이 제한되지 않을까. 만약 움직인다면 갈비뼈가 붙은 부분까지 특수하게 변화한 것은 아닐까.

가설을 확인하기 위해 골격 표본을 찬찬히 관찰해 보기로 했다. 도쿄대 지하 수장고에서 기린의 골격 표본을 꺼내 작업실 바닥에 '제7경추, 제1흉추, 제2흉추'라는 식으로 척추뼈를 하나씩 나열했다. 그리고 뼈의 형태에 의지해 척추뼈에 갈비뼈를 붙여 나갔다.

확실히 제1흉추에는 제1갈비뼈가 붙어 있다. 이렇게 갈비뼈가 딱 붙어 있다면, 역시 제1흉추는 움직이지 않는 것 아닐까. 골머리를 앓아 가며 계속 관찰했더니 어떤 점이 눈에 들어왔다. 제1갈비뼈, 제2갈비뼈, 제3갈비뼈가 붙은 부분이 조금씩 달라지는 것이었다.

갈비뼈는 기본적으로 위아래로 두 개의 척추뼈 사이에 걸치듯 붙는다. 예를 들면 오카피의 제2갈비뼈는 제1흉추와 제2흉추 사이에 붙어 있다. 이러면 제1흉추는 거의 움직일 수 없다.

기린도 제3갈비뼈 이후로는 같은 구조다. 그러나 제1갈비뼈와 제2갈비뼈는 구조가 조금 다르다. 기린에서는 첫 번째, 두 번째 갈비뼈 관절의 위치가 약간 뒤로 밀려나 척추뼈 사이에 걸쳐 있지 않은 것이다. 즉 제1흉추와 제7경추 사이, 제1흉추와 제2흉추 사이에는 갈비뼈의 간섭이 없다. 이러면 제

기린과 오카피의 갈비뼈 접합법

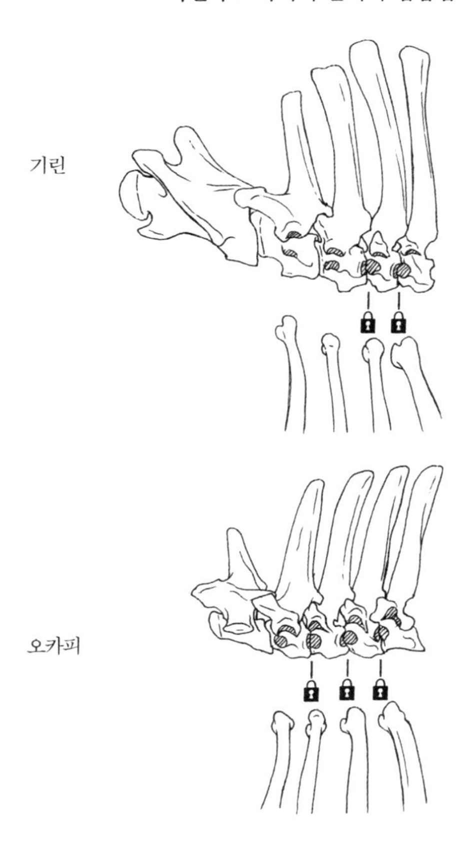

오카피의 제2갈비뼈는 제1흉추와 제2흉추에 걸치듯 붙기 때문에 제1흉추의 움직임이 제한적이다. 제3갈비뼈 이후로도 마찬가지다. 한편 기린의 제2갈비뼈는 제2흉추에만 붙어 있어서 제1흉추는 움직임의 제한을 거의 받지 않는다.

1흉추 주위에서는 갈비뼈에 의한 움직임 제한이 최소한으로 줄어들 수 있다.

이 구조를 깨닫자, 역시 제1흉추는 움직일 수 있다는 확신이 들었다. 어떻게든 제1흉추의 가동성可動性을 확인할 수 없을까.

제1흉추가 움직이는지 확인하려면, 사람 힘으로 실제 사체의 목을 움직여 뼈의 움직임을 확인해 보는 것이 가장 좋은 방법이다. 하지만 어른 기린의 목은 강력한 항인대로 당겨지고 있기 때문에, 나 혼자 힘으로 움직일 수는 없다. 아마 두세 사람이 달라붙어도 어려울 것이다. 그렇다고 근육이나 인대를 전부 들어내 버리면 본래 확인하고자 하는 가동성에서 멀어져 버린다.

이때 주목한 것이 새끼 기린이다. 새끼 기린이라면 항인대는 그다지 발달하지 않았을 것이다. 틀림없이 나 혼자서도 목을 움직여 볼 수 있을 것이다.

게다가 새끼 기린의 사체는 이미 확보해 두고 있었다.

기증받은 새끼 기린

이야기는 1년 정도 전으로 거슬러 올라간다. 2012년 1월 10일, 당시 학부 4학년이었던 나는 엔도 교수님 연구실의 선배와 함께 국립과학박물관의 신주쿠관에 와 있었다. 신주쿠관은 국립과학박물관의 연구부가 있는 시설이다. 학부 3학년이 끝날 무렵부터 국립과학박물관의 조류연구부에서 새를 해체해 골격 표본을 만드는 아르바이트를 하느라 몇 번이나 방문한 곳이다.

국립과학박물관의 연구부는 그해 4월에 이바라키현의 쓰쿠바 시로 이전하기로 결정돼 있었기 때문에 그날은 한산했다. 인기척 없는 연구동 앞을 지나, 인접한 소형 조립식 건물로 향했다.

문을 열자 동물연구부의 가와다 신이치로川田伸一郎 씨가 작업을 하고 있었다. 가와다 씨는 두더지의 염색체를 전문으로 연구하는 분으로, 박물관의 포유류 표본 제작과 관리를 도맡은 책임자이기도 했다.

인사를 하자 그제야 우리가 온 사실을 알아챈 가와다 씨는 손을 멈추고 안쪽의 냉동고로 향했다. 그리고 안에서 파란 시트로 싼 한 아름 정도 크기의 사각형 물체를 꺼내왔다. 가와다 씨의 등 너머 있는 냉동고 안을 들여다보니, 이미 이사가 끝난 탓인지 내용물은 거의 없었고 상당히 깔끔했다.

파란 시트를 열자 안에서 새끼 기린의 사체가 나타났다. 총길이 120센티미터 정도로, 힘을 쓰면 나 혼자서도 들어 올릴 수 있을 정도의 크기다. 다마동물공원多摩動物公園에서 태어나 생후 얼마 지나지 않아 죽어 버린 개체라고 했다. 이사를 위해 냉동고를 정리하다가 안쪽에서 발견된 듯했다. 귀여운 얼굴을 바라보다 전신 사진을 몇 장 찍었다. 오늘은 이 사체를 받기 위해 신주쿠관으로 온 것이었다.

사인 조사를 위한 해부로 새끼 기린의 배는 절개되고 내장은 제거돼 있었다. 왜 그런지 왼쪽 팔이 몸통에서 떨어져 있었지만, 그 외에는 상태가 매우 좋았다. 가죽도 그대로 붙어 있고 목 부분에도 상처가 거의 없었다. 훌륭했다.

가와다 씨에게 정중하게 감사를 표하고 차 트렁크에 사체를 실었다. 당시 국립과학박물관은 이사로 분주했기 때문에 기린 한 마리를 오랫동안 해부할 수 있을 정도의 여유도 없었고 나도 아직 빨리 해부할 능력이 없었다. 그래서 가와다 씨에게 부탁해 사체를 빌려 도쿄대에서 찬찬히 해부하기로 했다.

추정된 경추·흉추의 가동 범위

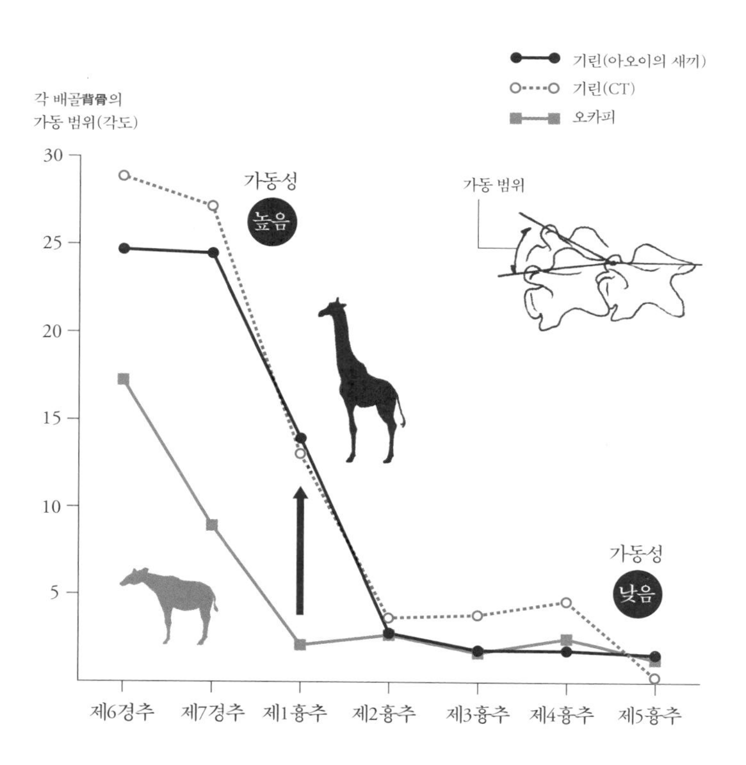

기린은 제6·제7경추의 가동 범위가 넓고 제2흉추 이후의 가동 범위는 좁다. 제1흉추는 제7경추와 제2흉추 중간 정도의 가동 범위를 보인다. 오카피는 제6경추의 가동 범위는 넓고 제1흉추를 포함한 흉추의 가동 범위는 매우 좁다.

해 각 척추뼈마다 '아래 척추뼈와의 각도'를 계산한다. 자세별로 계산해 목을 가장 높이 들었을 때와 가장 낮게 숙였을 때의 각도를 비교한다. 이러면 목을 들고 숙일 때 척추뼈가 어느 정도 움직이는지 계산할 수 있다. 두근거리는 마음으로 해석을 진행한다.

먼저 오카피의 해석 결과가 컴퓨터 화면에 나왔다. 오카피는 제1흉추는 거의 움직이지 않는 듯했다. 그럼 기린은 어떨까. 한 번 깊이 심호흡하고 파일을 열었다. 기린의 제1흉추의 추정 가동 범위는 13도라고 나와 있었다.

기린의 제1흉추는 움직였다.

실제 움직임을 확인한 순간

니나, 시로, 아짐, 후지, 시게지로, 류오, 마린……. 지금까지 해부해 온 기린은 모두 애칭으로 기억하고 있다. 그렇지만 나에게 온 사체에 전부 이름이 붙어 있지는 않다. 이때 CT 촬영을 한 기린도 이름이 없는 개체다. 이름이 붙기 전에 죽은 탓이다.

나에게는 절대 잊을 수 없는 '이름 없는 기린'이 두 마리 있다. 한 마리는 물론 방금 이야기한 기린이고 또 한 마리는 다마동물공원에서 사육하는 '아오이あおい'가 낳은 새끼 기린이다. '아오이의 새끼'도 CT 촬영을 한 기린과 마찬가지로 태어나자마자 죽어 버린 기린이었다.

그녀(아오이의 새끼)와의 만남은 2013년 6월에 이루어졌다. 마침 3개월 동안 네 마리의 기린을 해부할 기회를 얻어 해부 기술과 지식이 스스로 실감할 정도로 향상되었을 즈음이었다.

그날 나는 국립과학박물관의 가와다 씨에게 "새끼 기린이 기증됐는데 해부하러 오시겠어요?"라는 말을 듣고 이바라키현 쓰쿠바 시에 있는 국립과학박물관 연구 시설을 방문했다. 지하에 있는 해부실로 향하자, 녹색 케이스 안에 새끼 기린의 사체가 수습돼 있었다.

사체의 상태는 상당히 좋았다. 사지는 떨어져 버렸지만, 머리와 목, 몸통은 붙어 있었다. 왼쪽 반신에는 손을 대지 않고 오른쪽 반신만 해부를 진행했다.

CT 스캔 데이터로 기린의 제1흉추가 움직인다는 사실이 밝혀졌다. 그러나 CT 데이터로 보이는 것은 어디까지나 정지 화면이고 실제 움직이는 모습을 본 것은 아니었다. 제1흉추가 정말 움직일까? 나는 아직 반신반의한 상태였다. 그래서 '아오이의 새끼'를 해부해 뼈가 보이는 상태로 만들어 목을 움직였을 때 척추뼈가 어떻게 움직이는지 관찰해 보기로 했다.

가급적 본래 목적인 가동성에서 멀어지지 않도록 왼쪽 반신의 근육과 인대, 힘줄은 건드리지 않고 오른쪽 반신만 근육을 제거해 나갔다. 척추뼈가 보였을 때 뼈 일부에 마킹을 했다. 나중에 동영상을 보며 척추뼈의 가동 범위를 추정하기 위해서다.

사체 바로 위에 삼각대를 설치해 렌즈가 아래를 향하도록 비디오카메라를 세팅하고 목이 제대로 찍히도록 삼각대의 센터폴을 폈다. 옆에 두었던 의자 위로 올라가 액정 모니터를 들여다보았다. 목뼈와 뼈에 붙인 마킹이 제대로 찍히고 있었다. 괜찮은 것 같다. 녹화 버튼을 누르고 의자에서 내려와 다시 사체로 다가갔다.

한 번 깊이 심호흡한 뒤, 목을 잡고 천천히 움직이자 내 움직임에 맞춰 제1흉추도 천천히 움직였다. 역시 제1흉추는 움직였다. CT 스캔을 통한 해석으로 이미 알고 있었지만, 눈앞에서 실제로 제1흉추가 움직이고 있는 모습은 몹시 감동적이었다.

촬영을 멈추고 다시 제6경추, 제7경추를 움직여 보니 충분히 움직였다. 역시 경추는 가동성이 높았다. 다음으로 제1흉추를 잡고 흔들어 보니 경추 정도는 아니지만, 충분히 잘 움직였다. 제2흉추는 강하게 당겨도 거의 움직이지 않았다. 그 이하의 흉추도 마찬가지였다.

뼈에 붙인 마킹으로 척추뼈의 각도를 계산해 경추와 흉추의 가동성을 산출했다. 결과는 CT 데이터로 추정한 가동성과 완전히 일치했다. 기린의 제1흉추는 움직였다.

컴퓨터에 표시된 '가상 골격'과 실제 눈앞에 있는 실물 사체는 발하는 힘이 완전히 다르다. CT 데이터에서 제1흉추가 가동성이 있다는 결과가 표시됐을 때도 기뻤지만, 이렇게나 마음속 깊은 곳까지 떨리는 감동은 느끼지 못했다.

진한 베이지색 바닥 위에 누운 아오이 새끼의 사체. 새빨간 근육, 크림색의 뼈, 엷은 황색의 항인대. 아무도 없는 해부실은 마치 시간의 흐름이 멈춘 것 같았다. 지금까지의 연구 생활 중에서 가장 인상적인 순간이었다.

이름도 없이 죽어 버린 기린은 동물원 직원을 제외하면 누구의 기억에도 남지 않을 터이다. 하지만 나는 기린의 제1흉추가 움직인다는 사실을 증명해 준 '아오이의 새끼'와 그녀와 함께 보낸 며칠을 평생 절대 잊지 못할 것이다.

재밌는 읽을거리

수컷 기린의 머리가 더 무거운 이유

박물관에서 강연할 때, 기린의 머리뼈를 든 채로 이야기할 때가 있습니다. 이때 중요한 포인트는 '암컷의 머리뼈를 골라라'입니다.

사실 수컷 기린은 암컷에 비해 머리가 훨씬 무겁습니다. 암컷의 머리뼈는 평균 3.5킬로그램이지만, 수컷은 평균 10킬로그램이나 됩니다. 어릴 때는 암수 차이가 없지만, 성 성숙이 끝날 무렵부터 수컷만 머리뼈가 급격히 무거워집니다.

무게의 원인은 뼈의 성장입니다. 수컷 기린은 성 성숙 후, 머리뼈 표면이 두꺼워집니다. 암컷 기린은 코 주위의 뼈가 얇아서 안이 살짝 비치는 데 비해, 성숙한 수컷 기린은 두꺼워서 전혀 비치지 않습니다. 그래서 수컷인지 암컷인지는 머리뼈를 보면 일목요연하게 알 수 있습니다. 또한 안면 주변에 생기는 뼈 재질의 혹도 큰 영향을 줍니다. 수컷 기린은 눈 주변에 뿔 같은 혹이 자주 생깁니다.

수컷의 머리가 무거워지는 이유는 수컷끼리의 싸움인 '넥킹'을 할 때 서로 머리를 부딪치기 때문이 아닐까 추정하고 있습니다. 과거의 연구자들은 주기적으로 머리뼈에 가해지는 힘으로 인해 뼈의 과잉 성장(골 침착)이 일어나기 때문이라 추정했습니다. 또한 머리가 무거워지는 편이 넥킹 시 상대방에게 가하는 충격이 커지기 때문에 다른 수컷을 쓰러뜨리고 번식 상대를 확보하는 데도 유리합니다.

덧붙여 말하자면, 제가 국내 박물관에서 보관하고 있는 기린의 머리뼈 무게를 재 봤는데, 수컷의 머리뼈 쪽이 확실히 무거웠지만, 기껏해야 6킬로그램 정도였으며 10킬로그

램이 넘는 머리뼈는 발견하지 못했습니다. 그래서 과거 논문에 11킬로그램이 넘기도 한다고 적혀 있어도 당장은 믿을 수 없었습니다.

조사를 하러 파리의 박물관을 방문해 처음으로 야생 기린의 머리뼈를 봤을 때는 깜짝 놀랐습니다. 아쉽게도 저울이 없어서 정확한 무게는 잴 수 없었지만, 들어 올렸을 때의 느낌으로는 틀림없이 10킬로그램이 넘었습니다. 머리뼈의 두께와 울퉁불퉁한 느낌도 제가 지금까지 봐 온 기린의 머리뼈와는 달랐습니다.

동물원에서는 여러 마리의 수컷을 사육하는 일이 흔하지 않아서 야생에 비해 넥킹할 기회도 극단적으로 적을 것입니다. 머리뼈에 충격이 가해질 기회가 적어지니까 사육되는 개체는 그렇게까지 머리뼈가 무거워지지 않을지도 모릅니다. 아니면 머리가 가벼운 개체라도 번식해서 새끼를 남길 수 있으므로 머리가 가벼운 개체가 늘어난 것일지도 모릅니다. 호르몬도 관계가 있을지 모릅니다. 충돌로 인해 무거워진다는 설도 충분한 검증이 이루어지지 않았으므로 머리뼈가 무거워지는 원인은 아직 확실하지 않습니다. 앞으로 한층 더 조사할 필요가 있습니다.

아무튼 기린의 머리뼈는 암컷보다 수컷 쪽이 훨씬 무겁습니다. 울퉁불퉁한 수컷의 머리뼈 쪽이 더 멋지긴 하지만, 예전에 수컷의 머리뼈를 들고 온종일 전시 해설을 하다가 혼쭐이 난 이후 수컷 쪽은 피하고 있습니다. 혹시 당신에게 기린에 대해 강연할 기회가 찾아온다면, 다음 날 근육통을 피하기 위해 망설이지 말고 암컷의 머리뼈를 들고 강연회장으로 향할 것을 당부합니다.

제7장

기린의 8번째 '목뼈'의 발견

오카피의 해부에서 힌트를 얻다

기린의 제1흉추는 움직이는 것 같다. 그러나 현재 시점에서는 "기린의 제1흉추는 외부에서 힘을 가하면 움직인다."라는 사실밖에는 말하지 못한다. 기린은 스스로 제1흉추를 움직일 수 있을까? 능동적으로 움직인다는 사실을 증명하려면 제1흉추를 움직이는 근육을 찾아야만 한다.

지금까지는 제1흉추를 움직이는 근육이 특정되지 않았다. 기린만 보고 있으면 기린의 특수함을 이해할 수 없을지도 모른다는 생각에 마침내 오카피를 해부하기로 결정했다. 가나가와현립박물관에서 운명의 만남을 이룬 새끼 오카피다.

해부실 책상 위에 오카피 사체의 고개를 젖혀 위를 향한 자세로 놓는다. 쓰러지지 않도록 몸의 양쪽을 북엔드로 고정하고서 불빛을 사체를 비춰 가며 경장근의 구조를 관찰해 나간다. 경장근의 가장 끝의 부착 위치는 소나 산양과 마찬가지로 제6흉추다. 역시 기린보다 하나 앞에 있는 흉추다. 신중하게 해부를 진행한다.

오카피의 경장근은 가슴 부위인 제6흉추부터 제1흉추에 걸쳐 기시되어, 목의 제6경추에 힘줄로 연결되어 뼈에 부착됐다. 한편 기린의 경장근은 제7흉추부터 제2흉추에 걸쳐서 기시하고, 근육의 부착부는 제6경추와 제7경추였다. 이처럼 기린에서는 오카피와 달리 기시부와 부착부가 한 분절씩 '후퇴'한 것인데, 뼈의 형태와 마찬가지로 근육의 구조에서도 후퇴했다.

하지만 뼈와 근육이 왜 뒤쪽으로 척추뼈 한 분절가량 더 후퇴했는지는 그 의미가 아직 확실하지 않았다. 특히나 경장근처럼 몇 개의 관절에 걸쳐 부착되는 '다관절근'은 구조가 복잡해서 부착 위치의 차이가 어떤 효과를 낳는지 상상하기 어렵다.

다만, 한 가지 알게 된 사실이 있다. 기린의 제1흉추와 비슷한 오카피의 제7경추 주위의 근육 구조에 대해서다. 기린의 제1흉추를 움직이는 근육이 발견되지 않은 것과 마찬가지로 오카피의 제7경추를 힘줄로 잡아당기는 근육도 존재하지 않왔다.

대체 무슨 뜻일까? 기린의 제1흉추와 오카피의 제7경추는 움직이지 않는 것일까? 지금까지 모은 정보를 정리해 조금 더 찬찬히 생각해야 한다.

제1흉추를 움직이는 구조

오카피 해부를 끝낸 뒤, 나는 다음 세미나의 연구 발표 자료 만들기에 착수했다. 기린과 오카피 목의 근육 구조를 새롭게 정리해 알기 쉽도록 설명할 그림을 그려야 했다.

해부용 스케치북을 책상 위에 펼치고 촬영한 사진을 컴퓨터 위에 띄웠다. 노트에 경추와 흉추의 개요도를 그리고 각각의 근육이 어디와 어디를 연결하는지 색연필로 적어 나갔다.

노트를 넘기고 목 기저부를 움직이는 경장근 흉부의 구조를 그리기 시작했다. 기린과 오카피에서 부착 위치의 '후퇴'가 있던 근육이었다. 제1흉추를 움직이는 구조가 있다면, 이 근육일 것이라는 예감이 들었다.

먼저 오카피의 구조를 그려 보았다. 기시부인 제1흉추에서 제6흉추와 부착부인 제6경추를 선으로 연결했다. 이 구조라면 근육이 수축했을 때 생기는 힘은 주로 제6경추로 들어갈 것이다.

다음으로 기린의 구조를 그려 보았다. 기시부인 제2흉추에서 제7흉추와 부착부인 제6·제7경추를 선으로 연결했다. 기린은 근육이 수축했을 때 생기는 힘이 제6경추와 제7경추에 들어갈 것이다.

거기서 퍼뜩 깨달았다. 이 근육은 제1흉추에 힘줄로 부착하지는 않지만, 근섬유는 붙어 있다. 힘줄로 부착하는 제6경추와 제7경추에 비하면 작지만, 제1흉추에도 힘을 줄 것이다. 무엇보다 척추뼈는 연속적인 구조이므로 근육의 수축으로 제6경추와 제7경추가 당겨진다면 그 사이에 있는 제1흉추에도 자연히 힘이 들어가 연동하지 않을까.

오카피는 어떨까? 제1흉추는 '기시부'이므로 근육이 수축해도 움직이지 않을 것이다. 제7경추에 부착하는 힘줄은 없지만, 근육이 수축하면 제6경추가 당겨져 틀림없이 사이에 있는 제7경추도 움직일 것이다.

스케치북에 그린 그림이 틀리지 않았는지 몇 번이나 확인해 봤다. '틀림없어.' 속으로 그렇게 중얼거렸다.

경장근의 구조

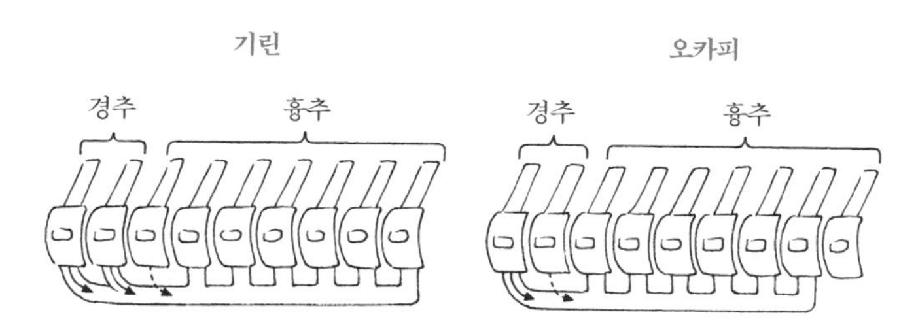

기린은 제2~제7흉추에서 기시해 제1흉추를 건너뛰고 제6·제7경추에 제대로 된 힘줄로 부착한다. 오카피는 제1~제6흉추에서 기시해 제7경추를 건너뛰고 제6경추에서 힘줄로 부착한다.

이 구조는 기린의 제1흉추의 가동 범위가 제6·제7경추의 반 정도 된다는 사실까지 설명할 수 있었다. 기린의 제6·제7경추는 근육이 수축하면 힘줄로 직접 힘이 들어가므로 강한 힘으로 움직인다. 그래서 이 척추뼈는 가동 범위가 매우 넓다. 한편 제1흉추는 힘줄로 부착하지 않으므로 근육이 수축해도 큰 힘은 받지 않고 제6·제7경추와 연동하는 형태로 움직일 뿐이다.

다관절근多關節筋의 구조와 뼈의 움직임

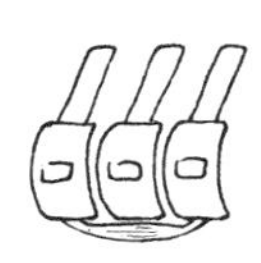

몇 개의 관절에 걸쳐 부착하는 다관절근은 근육이 수축할 때, 근육이 부착하는 뼈뿐만 아니라 기시부와 부착부 사이에 낀 뼈도 연동해 움직인다.

단, 제6·제7경추 정도는 아니지만, 제1흉추에도 척추뼈를 움직이는 힘 자체는 들어가므로 힘이 들어가지 않는 다른 흉추보다는 높은 가동성을 나타낸다. 오카피의 제7경추에도 같은 원리를 적용할 수 있다.

이것이 기린의 제1흉추를 움직이는 구조다. 드디어 찾았다.

손상이 없는 완벽한 사체 '키리고로'

2015년 1월 18일은 구름 한 점 없는 맑은 날씨였다. 나는 이바라키현 가사마 시笠間市에 있는 도쿄대 부속 목장에 왔다.

여기에 연구실의 새로운 대형 동물 해부 시설이 만들어진다고 한다. 산양이나 돼지 사육장 옆을 걸어 목장 안쪽으로 들어가자 가슴 높이 정도의 콘크리트 벽이 보였다. 이미 설치된 간이 텐트 안을 들여다보니 익숙한 쇄골기와 해부대가 놓여 있었다. '해부실'이라기보다 '자연 속 해부대'라는 느낌이다.

문득 옆을 보니 트럭이 서 있었다. 새파란 하늘을 반으로 가르듯 새빨간 크레인이 수직으로 뻗어 있고 끝에는 상처 하나 없는 기린 사체가 매달려 있었다.

이 기린의 이름은 키리고로キリゴロウ라고 했다. 도야마시패밀리파크富山市ファミリーパーク에서 사육하던 멋진 수컷 기린이다. 지금까지 해부해 온 모든 기린들에게 추억이 담겨 있지만, "가장 인상 깊은 기린은 뭔가요?"라고 묻는다면, 처음 해부한 니나나 제1흉추의 가동성을 보여 준 아오이의 새끼나이 키리고로를 든다. 그는 나에게 특별한 기린이다.

도쿄대 목장 한구석에 만든 콘크리트 바닥에 키리고로의 사체가 내려졌다. 정말 상처 하나 없다. 피도 한 방울 나지 않는다. 보통 동물원에서 기린이 죽으면 동물원 수의사가 사인 해부를 실시한다. 그 후 사육 방에서 사체를 꺼내기 위해 몸을 몇 개의 부위로 나누는 것이 일반적이다. 사체 반출에는 크레

인이 붙은 트럭을 사용한다 해도 대부분 사육 방까지는 들어가지 못하므로 트럭을 세운 장소까지는 사람 힘으로 사체를 실어야만 한다. 1톤 이상이나 되는 어른 기린의 사체를 사람 힘으로 실으려면, 몇 개로 절단해 가벼운 조각들로 만들 수밖에 없다. 그래서 나에게 사체가 도착할 때쯤에는 내장은 사라지고 사지와 목이 몸통에서 떨어져 버리는 일이 다반사다.

그런데 키리고로의 몸은 죽었을 때 상태 그대로였다. 몸이 뿔뿔이 흩어지기는커녕, 사인 해부조차 하지 않은 채 여기까지 운반해 왔다고 한다.

현장에 도착한 엔도 교수님에게 한 여성을 소개받았다. 도야마시패밀리파크의 수의사님이었다. 이야기를 들으니, 놀랍게도 원장님이 "모처럼 해부하라고 기증하는 것이니 가급적 좋은 상태로 사체를 넘기자"라고 말씀하셔서 동물원의 일손을 긁어모아 사육 방에서 죽어 버린 키리고로의 사체를 인해전술로 끌어당겨 꺼내 주셨다고 한다. 도대체 몇 사람이 옮긴 걸까. 고마움에 절로 머리가 숙여졌다.

이렇게까지 해 주셨으니 분발해야만 한다. 어떻게든 재미있는 연구 성과를 내 보겠다. 마침 기린의 특수한 제1흉추 연구도 한창이다. 지금까지 해부를 통해 밝혀낸 '제1흉추를 움직이는 구조'에 잘못된 점은 없는지 확인하자. 이번이 이 연구의 최종 결전이다.

자연 속 해부대

도쿄대 목장에 새롭게 만든 해부 공간은 지붕조차 없었다. 일단 간이 텐트를 설치해 놨지만, 그 안은 골격 표본을 만들기 위한 쇄골기, 사체나 폐육을 보관하기 위한 냉장고, 해부

도구나 소모품 상자로 이미 가득 차 버렸다. 어디든 아니겠냐만, 건장한 기린 한 마리를 텐트 안에 넣기란 불가능했다.

사체를 텐트 옆 공터에 눕히자, 즉시 수의사님이 사인 해부를 시작했다. 익숙한 손놀림으로 개복하고 내장을 꺼내 건강 상태를 조사해 나갔다. 좀처럼 볼 수 없는 심장이나 장을 흥분한 기색으로 관찰했더니 순식간에 해가 져 버렸다. 실외이므로 날이 저물어 버리면 작업을 이어갈 수 없는 데다, 도쿄대 목장은 교통편이 나빠서 자택에서 통학하며 작업하기도 어려웠다. 다행히 목장에는 숙소가 있었기 때문에 해부가 끝날 때까지 여기 머물며 차분히 작업하기로 했다.

다음 날 아침 7시쯤 영하의 매서운 추위 속에서 손발을 웅크리며 해부 장소로 향했다. 근방은 산양이나 돼지 울음소리로 떠들썩했다. 교수님과 수의사님, 후배는 어젯밤 돌아갔다. 목장에 남은 것은 나뿐이었다.

이날 최고 기온은 10도 정도로, 낮에는 그다지 춥지 않았다. 혼자서 키리고로의 다리를 들어 올리거나 목을 당겨 보았을 때는 가볍게 땀이 났을 정도다. 하지만 해가 저물 때쯤 기온은 3도 정도의 완전한 맹추위로 바뀌어 있었다. 깜깜해지기 전에 텐트 안에 놔둔 전등을 켜서 야간 작업을 할 수 있도록 준비했다. 늘 이용하던 해부실에 비하면 상당히 어둡지만, 완전히 깜깜하지는 않았다.

전등을 찾을 때 발견한 난로를 상자에서 꺼내 켰다. 역시 엔도 교수님이다. 필요한 것을 완벽하게 준비해 주셨다. 감사했다. 추워서 곱아든 손을 데워 온기를 찾아가며 해부를 진행해 나갔다.

해부의 집대성

사흘째 아침은 매우 추웠다. 등과 배에 접착식 손난로를 붙이고 꼼꼼하게 방한복을 차려입고 밖으로 나간다. 오늘도 맑은 날씨다.

산양 우리 앞으로 난 길을 걷고 있으니 얼어 있는 물웅덩이가 눈에 띄었다. 스마트폰으로 기온을 확인하자 영하 2도. 장화로 얼음을 깨 보려 했지만, 두꺼워서 전혀 깨지지 않았다.

해부 장소에 도착해 키리고로 위에 덮어 놨던 파란 시트를 젖히자, 뭔가 반짝반짝한 가루가 흩날렸다. "뭐지?" 하고 자세히 보니 놀랍게도 얼음이었다. 전날 파란 시트에 부착된 수

분이 지난밤 추위로 얼은 듯했다.

키리고로의 근육 표면에도 얼음이 엷게 퍼져 있었다. 단단한 근육은 거의 냉동 상태였다. 어젯밤부터 영하라 물웅덩이까지 얼었으니 밖에 둔 사체가 어는 것도 당연했다.

'그야말로 천연 냉동고로군.' 기온이 낮은 덕분에 근육은 해부를 시작한 뒤 사흘째라고는 생각할 수 없을 만큼 신선함을 유지하고 있었다. 부패의 조짐도 없었다.

'이러면 아직 더 작업할 수 있겠어.' 오늘도 해부를 시작한다. 오른쪽 앞다리를 빼내 지금까지 손대지 않았던 목 부분의 작업에 들어간다. 가죽을 벗기자 새하얀 근막이 나타난다. 근막을 보고 동요하는 것도 이미 옛일이다. 근막을 보고 당황해 제대로 해부도 못 하고 침울해진 그날부터 4년이 지났다. 4년 동안 13마리의 기린을 해부해 왔다. 망설임 없이 근막을 벗겨 새빨간 근육이 드러나게 했다.

반냉동의 차가운 근육에 손을 웅크리며 근육의 부착 위치를 하나씩 기록하고 꺼낸다. 고무장갑은 꼈지만, 방한 기능이 있을 리 없으니 손가락이 곱아들어 간다. 때때로 난로에 손가락을 데우며 작업을 이어간다. 팔과 몸통을 잇는 근육, 목의 위쪽에 있는 근육, 측면에 있는 근육, 아래쪽에 있는 근육. 예의 '경장근'도 제대로 관찰하고 지금까지의 기록이 틀리지 않았는지 확인한다.

이미 날 괴롭히던 목 주변의 '수수께끼 근육'은 사라졌다. 구조를 아직 파악하지 못한 근육은 있었지만, 모든 근육의 이름을 구분 지어 명기할 수 있었다. 최고의 타이밍에 최고로 상태가 좋은 사체와 해후했다. 키리고로와의 만남이 더 빨랐다면 틀림없이 이런 식으로는 해부하지 못했을 것이다. 이것 또한 하나의 운명이다.

동물원의 배려로 상처 하나 없이 온 키리고로의 사체로 지금까지 연구의 집대성이라 할 만한 해부를 할 수 있었다. 내 마음은 기쁨과 자랑스러움으로 가득했다.

혼자서 마무리

일주일 동안 묵으며 작업한 끝에 드디어 키리고로의 해부가 끝났다. 텐트 뒤쪽에 있는 수도꼭지를 틀어 호스를 통해 텐트 안 쇄골기에 물을 받았다.

오른쪽 반신을 해부했기 때문에 오른쪽 앞다리와 갈비뼈

는 몸에서 떨어져 나와 뼈만 남았다. 일단 이것을 쇄골기 안에 넣었다. 다음으로 해부 첫날 선배가 해체해 준 오른쪽 뒷다리를 마저 용기에 투입했다.

현장에는 반신이 된 기린 사체가 누워 있었다. 바닥 쪽 왼쪽 반신은 아직 전혀 손이 닿지 않았다. 기린 한 마리를 혼자 움직일 수는 없지만, 반쪽이라면 혼자서도 가능할지 모른다. 어차피 여기에는 나 혼자밖에 없으니 다소 힘들더라도 할 수밖에 없다.

바닥 쪽을 향해 있는 왼쪽 뒷다리를 들어 올려 사체를 반대편으로 뒤집으려 했다. 뒷다리를 들어 올릴 수는 있었지만, 너무 무거워서 움직일 기미가 전혀 없었다. 그래서 먼저 몸을 허리 부위에서 상반신과 하반신으로 절단해 두 개의 조각으로 나눠 봤다. 다시 뒷다리를 들고 일단 무릎에 올렸다. 허리를 숙여 다리를 어깨에 둘러업고 천천히 일어섰다. 꼬리가 회전하며 하반신이 벌렁 뒤집혔다.

기린의 사체는 크지만 손발이 길어서 지레의 원리를 잘 이용하면 나 혼자도 뒤집을 수 있다. 기린보다 가벼운 동물이라도 사실 손발이 짧은 동물이 더 뒤집기 어렵다.

마찬가지 방법으로 상반신도 뒤집었다. 대략적으로 관찰

하면서 조금 상하기 시작한 왼쪽 근육을 도려내고 뼈만 남은 조각을 쇄골기에 넣고 뚜껑을 닫았다. 쇄골기의 온도를 75도로 설정하고 현장 정리를 하면 작업 종료다. 앞으로는 열흘 정도 지나 용기에서 뼈를 꺼내러 다시 여기로 돌아오면 된다. 뼈의 표면을 세척하고 건조하면 골격 표본 완성이다.

기린의 특수한 제1흉추의 기능

기린의 제1흉추는 오카피의 제7경추와 매우 비슷한 특수한 모양을 하고 있었다. 과거에 '8번째 경추'라고 주장한 논문이 있었지만, "갈비뼈가 붙어 있으므로 경추일 리 없다. 그냥 흉추일 뿐이다"라고 다른 연구자에게 반박당했다. 그렇게 기린의 경추 8개설은 어둠에 매장되고 특수한 모양의 제1흉추는 단순한 흉추 중 하나로 받아들여졌다.

그런데 새끼 기린의 사체를 사용한 실험에서 "기린의 제1흉추는 다른 흉추에 비해 잘 움직인다."라는 사실이 밝혀졌다. 수많은 기린을 해부해 "기린은 경장근의 부착 위치가 일부 변화해, 제1흉추를 움직이는 구조를 획득했다."라는 사실도 알아냈다. 골격 표본의 관찰로 “갈비뼈가 붙는 위치가 약간 변화해, 제1흉추는 갈비뼈로 인한 움직임 제한이 최소한으로 변했다.”라는 사실도 알아냈다.

기적적으로 들어온 새끼 오카피 덕분에 근연종인 오카피의 제1흉추는 움직이지 않는다는 점과 제1흉추를 움직이는 근육 구조가 없다는 점도 알았다. 골격 표본의 관찰로 오카피의 제1흉추는 갈비뼈로 인해 움직임이 제한된다는 사실도 밝혀졌다.

지금까지는 갈비뼈가 붙어 있지 않아 움직임이 자유로운 경추만 목의 운동과 관련 있다고 여겨져 왔다. 그러나 기린은 근육이나 골격의 구조를 변화시켜 본래 거의 움직이지 않아야 할 제1흉추가 높은 가동성을 획득했다.

기린의 제1흉추는 결코 경추가 아니다. 갈비뼈가 붙어 있으므로 정의상으로는 어디까지나 흉추다. 그러나 높은 가동성을 지닌, 목 운동의 거점 기능을 하고 있다. 기린의 제1흉추는 흉추지만, 기능적인 면으로 봤을 때는 ‘8번째 목뼈’인 것이다.

남은 일은 이 내용을 논문으로 만들어 세상에 발표하는 것뿐이다.

'기린의 8번째 목뼈설'의 제창

2015년 가을, 나는 '기린의 8번째 목뼈'의 존재를 주장하는 논문을 집필하고 있었다. 기린의 첫 해체로부터 7년의 세월이 지나 있었다.

'기린의 제1흉추는 흉추지만, 움직이지 않을까?' 그런 가설을 떠올린 것은 2012년 여름이었다. 그로부터 3년 동안 16마리의 기린을 해부해 왔다. 연구 주제를 떠올리기까지 3마리의 기린을 해부했다. 그전에는 2마리의 기린을 해체했다. 지금까지 만난 20여 마리의 기린들을 회상해본다.

내 연구는 기린에 관련된 분들의 도움에 힘입어 여기까지 왔다. 지금까지의 연구 생활에서 이른바 '연구 재료'가 없어 곤란한 적이 없었다. 기린이 죽었을 때 귀중한 사체를 기증해 주신 동물원 관계자 여러분, 언제든 트럭을 내어 신속하게 사체를 운반해 준 운송업체 아저씨, 기린이 들어온다고 알려 준 박물관 관계자 여러분, 그리고 무엇보다 동물원과 관계를 맺어 사체를 기증받을 수 있는 시스템을 완성한 엔도 교수님. 수많은 사람들의 도움을 받아 왔다.

그리고 기린에게는 쭉 정신적으로 의지해 왔다. 자신의 힘을 믿지 못하고 포기해 버릴 뻔했을 때는 몇 번이나 있었지만, 기린을 믿지 않은 날은 단 하루도 없었다.

'누구나 감탄할 만큼 재밌는 진화의 수수께끼가 틀림없이 기린 몸 안에 숨어 있을 것이다. 그것을 못 찾는다면 기린 잘못이 아니라, 나의 능력 부족이다. 기린은 무조건 옳다.' 쭉 그렇게 생각해 왔다.

지난 7년 동안 기린을 해부하면서 해부 용어를 외우고 목의 근육과 골격 구조를 배웠다. 그런 해부학자는 온 세상을 뒤져 봐도 어디에도 없다. 틀림없이 나 하나뿐이다.

마침내 논문 발표

"기린이 목을 움직일 때는 경추뿐만 아니라 제1흉추까지 움직인다." 내 발견은 간결하게 말해 이것뿐이다.

기린은 진화 과정에서 높은 곳에 있는 잎을 먹는 데 유리한 몸을 획득해 왔다. 목뿐만 아니라, 사지도 매우 길다. 게다가 뒷다리보다 앞다리 쪽이 더 길어서 목 기저부의 위치 자체가 다른 동물에 비해 높다. 이 체형은 높은 곳의 잎을 먹는 데는 유리한 반면, 지면의 물을 마시기는 어렵다.

가동성이 높은 '8번째 목뼈'는 상하 방향으로 목의 가동 범위를 확대해, 높은 곳의 잎을 먹고 낮은 곳의 물을 마시는 기린 특유의 상반된 두 가지 요구를 동시에 만족하게 했다. 이번 연구로 얻은 데이터에서 다 자란 기린은 특수한 제1흉추에 덕분에 머리의 도달 범위가 50센티미터 이상 확대된다고 추정할 수 있었다.

기린은 '7개의 경추'라는 포유류의 신체 구조 기본형에서 벗어나지는 못했다. 하지만 근육이나 골격 등 원래 가지고 있는 몸 구조를 약간 변화시킴으로써 기능적 요구를 만족시킬 만한 '8번째 목뼈'를 손에 넣었다. 포유류에 부과된 엄격한 신체 구조의 제약을 밑천으로 몸 구조를 크게 바꾸지 않고도 생태에 유리한 독특한 구조를 획득한 것이다.

새해가 밝아 온 2016년 1월 6일, 논문이 수리되어 게재가 결정됐다는 연락이 왔다. 그리고 한 달 뒤인 2016년 2월, 현존하는 가장 오래된 과학학회인 영국왕립협회에서 발행하는 학술지에 '기린의 8번째 목뼈'에 관한 논문이 발표되었다.

당시의 나는 스물여섯. 묘하게도 열아홉 때 처음 해부한 기린 나쓰코와 같은 나이가 되어 있었다.

'8번째 목뼈'가 기린의 행동에 주는 장점

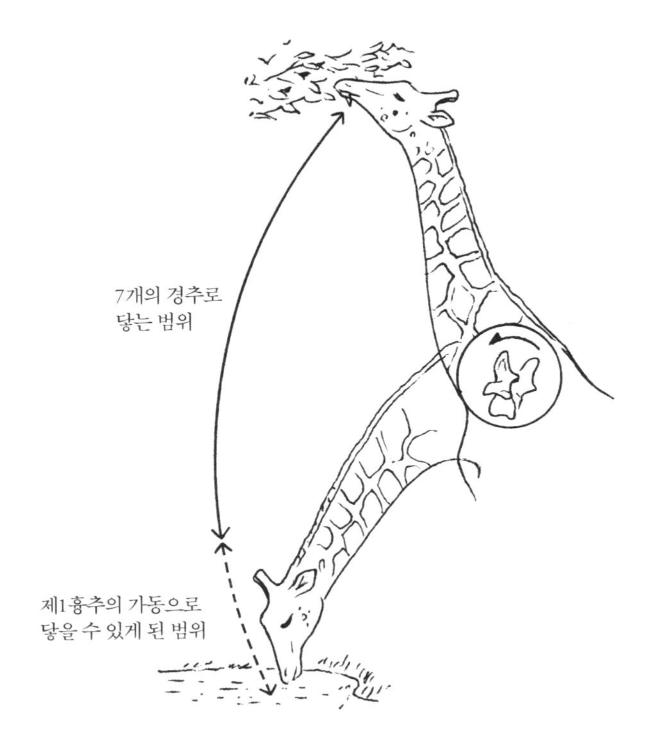

제1흉추가 '목뼈'로 목의 운동에 관여함으로써 머리가 닿는 범위가 50센티미터 이상 늘어났다. 높은 곳의 잎을 먹고 낮은 곳(지면)의 물을 마시는 상반된 2개의 요구를 동시에 만족시킬 수 있다.

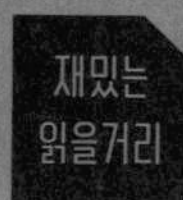

가장 혈압이 높은 동물, 기린

기린은 이 지구상에서 가장 혈압이 높은 동물입니다. 심장에서 멀리 떨어진 뇌까지 혈액을 보내려면 반드시 혈압이 높아야 합니다. 기린의 혈압은 최고 300mmHg에 달한다는 과거의 보고도 있습니다.

고혈압을 유발하는 요인 중 하나는 기린의 심장에 있다고 여겨집니다. 기린의 심장을 관찰해 보면 전신으로 혈액을 보내는 역할을 하는 좌심실의 심실 벽이 매우 두껍다는 사실을 알 수 있습니다. 두께는 8센티미터 정도나 되며, 폐로만 혈액을 보내는 역할을 하는 우심실의 5배 이상입니다. 기린의 좌심실은 매우 강력한 펌프인 것입니다.

그런데 심실 벽이 매우 두꺼운 한편, 심실 내의 공간은 매우 좁아서 1회 박동으로 보낼 수 있는 혈액량은 다른 동물에 비해 상당히 적습니다.

원래 기린은 혈액의 총량도 몸의 비해 적습니다. 2011년 발표된 연구를 보면 기린의 혈액은 체중의 5~6퍼센트 정도라고 합니다. 사람의 혈액량은 대략 8퍼센트인데, 체중에 비례해 생각하면 기린의 혈액량은 사람보다도 적습니다.

혈압은 1분 동안 심장에서 내보내는 혈액량과 혈관의 저항치(혈액이 흐르기 어려운 정도)로 결정됩니다. 심장에서 나오는 혈액이 많으면 많을수록, 혈액이 흐르기 어려울수록, 혈압이 높아집니다.

기린의 심장은 강한 펌프 기능을 하지만, 심실 내의 공간은 좁고 1회 박동으로 내보내는 혈액량은 적습니다. 심박수도 별로 높지 않아서 1분 동안 내보내는 혈액량은 다른 포유류에 비해 오히려 적을지도 모릅니다.

그럼 기린의 고혈압은 왜 생겼을까요? 지금 연구자들이 주목하는 것은 혈관입니다. 기린은 다른 포유류에 비해 혈관의 저항치가 현격히 높아서 혈액이 흐르기 어렵다고 합니다.

그런데 기린의 혈관에서 혈액이 흐르기 어려운 이유는 무엇인지, 그 원리에 대해서는 아직 밝혀내지 못했습니다. 앞으로 기린 혈관에 관한 한층 더 활발한 조사를 통해 기린의 고혈압에 대한 비밀이 풀리리라 기대합니다.

기린의 혈액 순환을 이야기할 때, 빠뜨리면 안 될 것이 하나 더 있습니다. '괴망怪網'입니다. 괴망은 기린의 후두부에 있는 그물망 모양의 모세혈관 덩어리로, 뇌로 가는 혈액이 급격히 늘지 않도록 방지하는 완충 장치 역할을 한다고 합니다.

기린이 물을 마시기 위해 머리를 숙일 때는 무려 5미터 가까이 머리 위치가 변합니다. 그러면 목동맥 속의 혈액이 중력을 따라 한 번에 머리로 들어가 뇌의 혈압이 급상승해 버립니다. 거꾸로 숙인 머리를 들 때는 목에 머무르던 피가 한 번에 빠져나가 이번에는 거꾸로 뇌의 혈압이 급격히 낮아져, 뇌빈혈이 걸릴 위험이 있습니다.

이 현상을 해소하는 것이 바로 괴망입니다. 혈액이 괴망을 경유해 뇌를 왕래하면 머리를 들고 숙일 때 한 번에 대량의 혈액이 유출하거나 유입하지 않도록 막아 줍니다.

그런데 놀랍게도 괴망은 사실 목이 짧은 오카피에도 있습니다. 그뿐 아니라, 소, 양, 산양, 돼지, 낙타, 버펄로 등 다수의 우제류에서도 존재가 확인되었습니다. 즉 괴망은 목이 길이나 몸 크기와 관계없이 다수의 종이 지닌 비교적 흔한 구조입니다.

확실히 기린 정도로 목이 길지 않아도 어떤 종이든 물을 마실 때는 머리를 숙여야 하므로 머리에 피가 쏠리기 쉬운 상황에 빠집니다. 피가 뇌로 급격히 흘러 들어가지 않도록 막는 구조는 다른 종에도 당연히 필요합니다.

그러나 기린은 머리를 들고 숙일 때의 혈압 변동이 다른 종보다 훨씬 클 수밖에 없습니다. 그럼 기린은 대체 어떻게 된 것일까요?

2009년 덴마크의 연구팀은 살아 있는 기린의 혈압을 계측해 머리를 들고 숙일 때 혈압이 얼마나 변화하는지 조사했습니다. 그 결과 기린이 머리를 숙일 때는 혈압이 급상승(150mmHg → 220mmHg)하고 한 번 숙인 머리를 다시 들었을 때는 두부의 혈압이 급감소(150mmHg → 50mmHg)한다는 사실이 밝혀졌습니다.

즉 괴망이 있어도 머리를 들고 숙임에 따라 혈압이 급격히

변화한다는 말입니다. 저렇게 목이 길면 완충장치가 있어도 목을 움직일 때 어쩔 수 없이 혈압 변화가 일어나는 것입니다.

동물원에서 기린을 관찰하면 물을 마신 뒤, 머리를 들고 먼 곳을 멍하니 바라보는 모습을 발견할 때가 있습니다. 숙인 머리를 들 때, 일시적으로 두부 혈압이 50mmHg까지 떨어지므로 가벼운 빈혈이 와서 멍하니 있는 것인지도 모릅니다.

제8장

새로운 연구를 향해

목이란 뭘까?

“기린의 제1흉추는 ‘8번째 목뼈’로 기능한다.”라는 주장을 담은 내 논문이 세상에 나오고 몇 개월 동안은 세간의 반응이 몹시 궁금했다. 일찍이 “제1흉추는 8번째 경추다”라는 논문이 출판되었을 때, 상당히 거센 비난을 받았기 때문이다. 다행히 내 ‘기린의 8번째 목뼈설’은 비교적 긍정적으로 받아들여지는 듯했다.

사실 경추와 흉추라는 정의에 얽매이지 말고 목과 가슴의 경계를 다시 생각해 보자는 논쟁은 지난 10년 사이 서서히 퍼지고 있었다.

일반적인 정의에 의하면 포유류의 경추는 기본적으로는 7개로 일정하다. 이 기본 규칙에서 벗어난 포유류는 매너티와 나무늘보뿐이다. 매너티의 경추는 여섯 개로 일정하므로 아직 허용 범위 안이라고 할 수 있지만, 나무늘보의 일탈은 놀랍다. 세발가락나무늘보의 경추는 8~10개이며 호프만나무늘보의 경추는 5~7개로, 경추 수가 늘어난 종이 있는 반면, 줄어든 종도 있다. 게다가 종 사이에서만이 아니라, 종 안에서도 경추 수가 다르다.

이렇듯 포유류의 규칙을 무시한 나무늘보에 대한 한 연구가 2009년에 발표됐다. 나무늘보도 7번째나 8번째 척추뼈 사이에서 뼈의 형태가 크게 변화한다는 내용으로, 일반적인 포유류와 같은 특징이다. 즉 뼈 형태를 토대로 한 경계는 다른 포유류와 마찬가지로 7번째와 8번째 척추뼈 사이에 있다는 말이다.

이 사실을 바탕으로 경추가 7개보다 많은 세발가락나무늘보는 '흉추의 형태를 하고 있지만 갈비뼈가 없는 뼈'를 지니며, 경추가 7개보다 적은 호프만나무늘보는 '갈비뼈가 붙어 있지만, 경추의 형태를 하고 있는 뼈'를 지닌 것이라는 가설을 제창했다. 즉 나무늘보에서 보이는 경추 수의 일탈은 척주 구조의 변화가 아니라, 태아기에 갈비뼈가 발생하는 위치의 변화에 따른 것이라는 사고방식이다.

이듬해, 다른 연구자가 태아기에 척추뼈가 골화해 가는 순서에 주목해 나무늘보의 목을 관찰했다. 그러자 역시 7번째 척추뼈와 8번째 척추뼈 사이에서 척추뼈의 골화 패턴이 변화했다.

경추 수가 다른 나무늘보도 7번째와 8번째 사이에 어떤 경계가 있는 듯하다. 특이한 경추 수를 보이는 나무늘보지만, 갈비뼈를 제거하고 척주에만 주목하면 다른 포유류와 같은 특징을 보인다.

2015년에는 전신에 갈비뼈가 있는 뱀도 척추뼈의 형태에만 주목하면 경부, 흉부, 요부腰部, 미부尾部라는 네 가지 부위로 묶을 수 있다는 연구가 발표됐다. 뱀의 몸은 온몸이 흉추가 아니라 흉추 이외의 부분에도 갈비뼈가 붙어 있을 뿐이라는 말이다.

목이란 도대체 무엇일까? 목과 가슴의 경계란 어딜까? 갈비뼈를 기준으로 삼은 경추와 흉추의 정의에 얽매이지 않고 다양한 시점으로 '목이란 어딜까?' 찾는 연구가 늘어나기 시작했다. 이런 때라 내 연구도 받아들여진 것일지 몰랐다.

기린의 제1흉추가 움직일지도 모른다고 처음 생각했을 때는 이런 연구에 대해서 알지 못했다. 이런 가설이 퍼지고 있다는 사실도 몰랐고 딱히 시대의 흐름을 타고 연구 주제를 정한 것도 아니다. 그런데 같은 시기에 같은 점에 착안한 연구가 잇따라 발표됐다니, 어쩐지 불가사의한 기분이었다.

흐름을 탈 생각은 아니었지만, 결과적으로 흐름 속에 있다는 경험을 한 적이 또 있다. 내가 이 논문을 발표한 2016년은 기린에 관한 중요한 발견이 잇따라 발표된 해이다.

기린과 오카피의 DNA에 함유된 유전 정보가 해석된 것도 이때고 뒤에서 이야기할 '기린과 오카피의 중간 격으로 긴 목을 지닌, 멸종한 기린의 근연종(사모테리움 메이저, Samotherium major)' 화석이 보고된 것도 2016년이다. 기린은 사실 4종으로 나눌 수 있지 않을까 하는 설이 제창된 것도 이해이며, 기린의 심장이 1회 박동으로 내보내는 혈액량이 극히 적으며 고혈압의 비밀은 혈관의 저항성에 있지 않을까 하는 연구가 발표된 것도 2016년이다.

내가 기린 연구를 하려고 결심했을 때 전 세계의 다양한 나라에서 다양한 사람들이 독자적으로 기린 연구를 진행하고 있었다고 생각하면 가슴이 뜨거워진다.

졸업과 수상

2017년 1월, 나는 박사 학위 심의회를 마치고 무사히 박사 학위를 취득했다. 박사 논문 제목은 '우제류의 경부근골격 구조의 진화偶蹄類における頸部筋骨格構造の進化'다. 이 책에서는 소개하지 않았지만, 박사과정에서는 기린의 8번째 목뼈 연구 외에도 기린과 낙타의 근연종에서는 목의 근골격 구조가 어떤 식으로 다른지 조사하는 연구나, '기린의 목'이라는 뜻의 이름을 한 게레눅garanuug(기린영양)이라는 동물(소의 근연종으로 목이 매우 길다)의 골격 구조를 조사한 연구 등을 해 왔다.

낙타나 게레눅 등 다른 목이 긴 우제류를 조사하면 기린이 얼마나 특수한 구조를 하고 있는지 잘 이해할 수 있다. 학부생일 때 막연히 떠올렸던 '경추 수의 제약 속에서 어떻게 구조가 변화하며 목이 길어진 걸까?'라는 의문은 어느새 박사 논문 주제가 되었다.

고맙게도 기린의 '8번째 목뼈' 발견은 많은 사람의 호평을 받아 박사과정 학생을 대상으로 한 영예로운 상까지 받기에 이르렀다.

수상 연락을 받았을 때 나는 '기린이 죽지 않아야 할 텐데.'

라고 생각했다. 해부 때문에 수상식에 불참하고 싶지는 않았다. 괜찮을까.

수상식 전까지는 신세를 진 분들을 찾아뵙고 옷을 새로 맞추는 등 바쁜 와중에도 평온하고 충실한 나날을 보냈다. '겨울도 다 끝나 가고 날씨도 따뜻해졌으니 걱정할 필요 없겠지.' 그런 생각을 하자마자, 과학박물관의 가와다 씨에게서 전화가 걸려 왔다. 수상식 일주일 전이었다. 그동안 정말 많은 신세를 진 가와다 씨를 수상식에도 초대했다. 틀림없이 그 일로 뭔가 물어보고 싶은 게 있을 것이다. 전화를 받자마자 가와다 씨는 이렇게 말했다. "기린이 온다네."

다음 날 나는 늘 입던 운동복 차림으로 과학박물관 지하 해부실에 갔다. 눈앞에는 다마동물공원에서 사육하던 '산고サンゴ'라는 이름의 암컷 기린이 누워 있었다. 전체적으로 하얗고 귀여운 개체로, 나보다 10살 어린 17살이었다.

누워 있는 사체는 상당히 깨끗한 상태였다. 어쩐지 '그렇게 들떠 있지 말고 발을 땅에 붙이고 제대로 연구해.'라고 말하는 것 같았다. 상은 어디까지나 과거의 연구에 대한 평가다. 앞으로 연구자로서 자립해 더욱 재미있는 연구를 해야 한다.

그럼 다음은 어떤 연구를 할까? 먼저 예전부터 궁금했던 어깨 주변의 구조를 조사해 보고 싶다. 기린의 앞다리는 다른 우제류에 비해 조금 앞으로 튀어나와 있다. 기린의 앞가슴을 보면 마치 엉덩이처럼 볼록한 것을 관찰할 수 있다(사진 참고).

이것은 견관절肩關節이다. 다른 우제류의 견관절은 몸의 중심선인 체간體幹 위에 있으며, 이런 식으로 튀어나오지 않았다. 어쩌면 기린의 어깨는 조금 다른 위치에 있을지도 모른다. 대체 어떤 구조로 이루어져 있을까? 앞다리 위치는 정말 다를까? 다르다면 그 의미는 뭘까?

수상으로 들떴던 마음은 깨끗이 가라앉았다. 정신을 집중하고 해부칼을 손에 쥐었다.

초심을 잊지 말자

수상을 계기로 최근에는 생물학자나 해부학자뿐 아니라 다양한 분야에서 활약하는 전문가 앞에서도 연구 이야기를 할 기회를 얻었다. 정말 고마운 일이다.

다른 분야의 전문가와 토론하는 것은 신선하고 자극적이라 너무나 즐겁다. 생화학 교수님에게 "왜 일본에는 이렇게 동물원이 많은 건가요?"라는 질문을 받고 난색을 표하기도 하고 산부인과 의사 선생님에게 "기린은 역산이나 난산이 없나요?"라는 질문을 받고 얼버무리는 등 매일 다른 분야와의 교류를 즐기고 있다.

그러던 와중에 내 연구 이야기를 들은 어떤 우주 물리학자 선생님에게서 평생 절대 잊지 못할 멋진 말을 들었다. "아주 재밌는 발표였어요. 군지 씨 이야기를 듣고서 아인슈타인의 말이 떠올랐어요. 아인슈타인은 수많은 명언을 남겼는데, 그중 하나로 '내 성공의 비결을 하나만 꼽으라 한다면, 쭉 아이의 마음을 한 채 살았다는 것입니다.'라는 말이 있습니다. 저도 군지 씨도 어린아이의 마음을 지닌 채 어른이 돼서 행복하네요."

나는 누군가에게 도움이 되는 연구를 하겠다거나 이 세상을 구할 연구를 하겠다는 고상한 뜻을 품고서 연구의 길로 들어서지 않았다. 그저 어릴 때부터 좋아했던 것을 추구하고 싶다는 마음 하나였다. 내 인생이 성공적이었는지 아닌지는 아직 알 수 없다. 틀림없이 앞으로 노력하기 나름이다. 하지만 지금 내가 행복한 것은 분명히 어린아이의 마음을 지닌 채 어른이 되었기 때문이다.

선생님이 해 주신 이 말에는 지금까지의 인생을 부드럽게 끌어안으며 긍정해 주는 따뜻함이 있었다. 이보다 더 기쁨을 주는 말을 앞으로의 인생에서 또 만날 수 있을까.

멸종 위기의 기린

현재 일본 내에는 대략 150마리의 기린이 사육되고 있다. 2011년 조사에 따르면 일본의 기린 사육 두수는 147마리로, 584마리를 사육하는 미국에 이어 세계 2위다. 일본은 손에 꼽을 만한 기린 대국인 것이다. 덧붙이자면, 내가 태어난 1989년은 기린 사육 두수가 234마리로 역대 최고였던 해다.

그럼 현재 지구상에 야생 기린은 대체 어느 정도 있을까? 세계자연보전연맹IUCN의 조사에 따르면 2015년 현재 지구상에 서식하는 야생 기린의 개체 수는 10만 마리 정도라고 한다. 1980년대에는 15만 마리 이상의 기린이 서식하고 있었다고 하니, 과거 30년 동안 40퍼센트에 가까운 개체가 감소해 버린 것이다. 서식지의 축소와 아프리카 각국에서 잇따라 벌어지는 내란과 밀렵을 감소 이유로 꼽는다.

2016년 IUCN은 조사 결과를 토대로 기린을 취약종으로 지정했다. 취약종이란 '야생에서 위기에 처할 가능성이 높은 개체'를 가리킨다. 이런 종은 서식지의 감소나 환경의 악화 등 상황 변화가 조금만 일어나도 쉽게 멸종 위기종이 될 위험이 있다.

같은 취약종인 아프리카코끼리의 야생 개체 수가 45만 마리, 하마가 12만 5천 마리인 데 비해 너무나 적은 기린 개체 수를 보면 암담한 마음이 든다. 확실한 대책을 세우지 않으면 이 지구상에서 기린이 사라져 버리는 날이 올지도 모른다.

두려운 것은 30년 동안 기린의 개체 수 감소를 인지한 사람이 없다는 사실이다. 아프리카 사파리에 가면 어디서든 기린을 볼 수 있어서 그런지 코끼리나 하마에 비해 위기감이 덜

하다.

기린의 유일한 근연종인 오카피도 과거 25년 동안 개체 수가 40퍼센트 정도 감소해, 현재 야생 개체 수는 1만~5만 마리로 추정된다. 2016년에는 IUCN의 레드리스트Red List(IUCN에서 멸종 위기에 처한 동식물을 조사해 2~5년마다 발표하는 보고서. 멸종 위험 정도에 따라 절멸종, 심각한 위기종, 취약종 등의 9개의 단계로 나눈다-옮긴이 주)에서 취약종으로 지정됐다.

즉 현재 지구상에 존재하는 겨우 두 종류의 기린과 많은 동물들이 절멸의 위기에 처해 있다는 말이다. 지구상에 기린과 근연종이 계속 살아갈 수 있도록 우리 인간이 제대로 된 대책을 세워야 한다.

나도 내가 할 수 있는 방법으로 기린과 근연종 보호에 공헌하고 싶다. 먼저 더욱 많은 사람들이 기린을 좋아하도록 만들고 싶다. 여기까지 책을 읽어 주신 여러분이 책을 읽기 전보다 더 기린을 좋아하게 됐다면 너무나 기쁠 것이다.

다음 연구를 준비하며

그럼 다음은 어떤 연구를 할까? 기린의 몸속에는 아직도 재밌는 수수께끼가 잠자고 있을 터이다.

조만간 절멸한 기린의 근연종을 연구해 보고 싶다. 지금 기린 속屬에는 기린과 오카피 단 2종밖에 없지만, 예전에는 30종 이상이나 존재했다. 게다가 아프리카뿐만 아니라 유럽과 아시아에도 서식했다. 지금부터 500만여 년 전, 마이오세Miocene世라고 부르는 시대 이야기다.

2016년에는 기린과 오카피 사이 정도 길이의 목을 가진 동물의 화석이 발견됐다. 지금으로부터 약 700만 년 전, 유라시아에서 아프리카에 걸쳐 서식했던 '사모테리움 메이저'라고 하는 기린의 근연종이다.

연구팀의 리더인 니코스 솔로우니아스Nikos Solounias 교수는 오랜 시간 동안 세계 각지의 박물관을 돌며 흩어진 기린 화석의 목뼈 길이를 하나씩 계측했다. 그리고 사모테리움 메이저가 오카피보다 길고 기린보다 짧은 목을 가졌다는 사실을 발견했다.

솔로우니아스 교수는 사실 '기린의 경추 8개설'을 제창한

분이다. 내 연구에도 친절하게 조언해 주셨다. 나에게 뒤지지 않을 만큼 골수 기린 팬으로, 놀랍게도 네 살 때 그리스에 있는 자택 뒤에서 처음 발견한 화석이 기린의 친척뻘 되는 동물이었다고 한다.

또 다른 재미있는 기린이 있다. 시바테리움 기간테움Sivatherium giganteum으로, 기린의 근연종 중에서 가장 기린답지 않은 체형을 한 동물이다. 짧은 목, 두껍고 짧은 다리, 구부러진 형태로 퍼진 커다란 뿔이 있는, 마치 말코손바닥사슴Alces alces처럼 보이는 모습의 동물이었다고 한다.

인도에 서식했던 절멸한 기린의 근연종 지라파 시발렌시스Giraffa sivalensis도 궁금한데, 현재의 기린과 매우 비슷한 모습을 하고 있었다고 한다. 안타깝게도 머리뼈는 발견되지 않아서 머리가 어떻게 생겼는지 알 수는 없지만, 발견된 경추 일부와 사지의 뼈로 현재 기린에 필적할 만큼 목과 사지가 길었다는 사실은 확실히 알 수 있다. 덧붙이자면, 경추의 형태는 현재 기린과 똑 닮았다.

지라파 시발렌시스는 기린속으로 분류되며, 현대의 기린과 상당히 비슷한 근연종이라고 여겨진다. 사실 지금부터 약 200만 년 전, 인도와 중국에는 지라파 시발렌시스뿐만 아니라 다른 기린의 근연종이 많이 서식했다고 알려져 있다. 모두 절멸해 버렸지만, 전설의 영험한 동물, 기린을 만들어 낸 중국에 과거에는 수많은 기린의 친척이 서식했다는 이야기는 참으로 매력적이다.

지금까지 축적해 온 기린의 근육 정보를 살려 절멸한 기린들의 목이 어떤 모습을 했고 어떤 기능을 했는지 밝혀 나가고 싶다.

그 외에도 몇 가지 새로운 연구를 시작하고 있다. 아직 상세한 이야기는 할 수 없지만, 가슴이 두근두근 고동칠 만한 '연구 거리'들이다. 이 연구가 결실을 맺으려면 아직 조금 더 시간이 필요하다. 언젠가 나와 기린이 자아내는 새로운 연구 이야기를 들려줄 수 있는 날이 다시 오기를 바란다.

그때까지 또 기린과 오카피와 함께 착실하게 힘껏 노력해 나갈 작정이다.

시바테리움 기간테움의 복원도

말코손바닥사슴 같은 커다란 뿔이 있으며, 현재의 기린과는 전혀 닮지 않은 체형이었다고 추정된다. 기린은 나뭇잎을 먹는 데 특화됐지만, 이 동물은 나뭇잎뿐만 아니라 지면에서 자라는 풀도 먹었다고 한다.

재밌는 읽을거리

엄마에게서 학문의 즐거움을 배우다

"어릴 때부터 기린을 좋아해서 기린 연구를 하고 있어요." 이렇게 이야기하면 "부모님께서 연구자나 교수님인가요?"라는 질문이 십중팔구 이어집니다. 아쉽지만(?) 제 아버지는 평범한 샐러리맨이고 어머니는 전업주부입니다.

다만 어머니는 약간 특이하신 분입니다. 마음이 안 통한다며 유치원을 중퇴했고 고등학교에 다닐 때는 비가 내릴 것 같으니까 집에 간다며 조퇴해 버리기도 했다고 합니다. 아직 비가 내리지도 않는데 말이죠. 딸인 제가 봐도 평범한 분은 아닙니다. 미야자와 겐지宮沢賢治(1896~1933, 일본의 동화 작가이자 시인, 교육자. 대표작으로 '은하철도 999'의 원작인 《은하철도의 밤》이 있다. 유복한 가정에서 자랐지만, 동화 작가가 되고 싶어 가출한다거나 빈곤에 허덕이는 농민을 돕기 위해 직접 황무지를 개간해 농사를 짓는 등 비범한 삶을 살았다-옮긴이 주)를 약간 닮았다고 할까요?

저도 학생 때는 그다지 성실한 편은 아니었지만, 어머니만큼 심하진 않았습니다. 어머니는 제게 "비가 내리는데도 학교에 가다니 대단해."라며 자주 칭찬했습니다. 황당합니다만, 기대치가 낮은 점만은 다행이었습니다.

그렇게 특이한 분이었던 어머니는 내가 중학생일 무렵, 문화센터에서 '향 만들기'를 배우기 시작했습니다. 엄마는 어느새 향 만들기에 열중해, 재료를 갖추고 집에서도 선향이나 향낭(향 재료를 채운 주머니)을 만들게 되었습니다.

그리고 어머니는 향에 얽힌 역사에 관한 책을 읽으셨고 마침내 냄새에 관한 전문적인 과학책까지 읽기 시작하셨습니다. 흘끗 들여다본 책 속에는 '벤조산benzoic acid'처럼 고등학교 화학 교과서에 나오는 용어와 화학 기호가 가득했습니다. 다양한 원료를 혼합해 복잡하고 풍부한 향을 만들어 내는 '조향'에는 화학 지식이 필수적인가 봅니다.

당시의 어머니는 50세 정도였습니다. "기억력이 떨어져서 돌아서면 잊어버린다니까."라고 난처한 얼굴로 말씀하시며 매일 즐거운 듯 책을 읽으시는 어머니의 모습은 향과의 만남 이전보다 훨씬 빛났고, 인생을 즐기고 있는 듯 보였습니다.

지식은 일상을 풍성하게 만들고 익숙한 것에 가치를 부여해 새로운 깨달음을 낳게 함으로써 일상생활을 빛나게 해 줍니다. 나는 어머니의 모습을 통해 지식을 몸에 익히는 즐거움과 위대함을 배워 왔습니다. 그리고 누군가 억지로 지식을 쑤셔 넣는 '공부'와 스스로 기꺼이 주체적으로 지식을 얻는 '학문'의 차이를 깨달았습니다.

덧붙이자면, 어머니는 지금 조향사가 되어 향 만들기를 가르치고 있습니다. 15년이 있으면 기린을 좋아하던 아이는 기린 연구자가 되고 문화센터를 다니던 주부는 강사도 될 수 있습니다. 부모와 자식 모두 열중할 수 있는 존재를 만나 오랜 시간 몰두해 온 행복을 다시금 느낍니다.

저는 향에 대한 지식은 거의 없지만, 어머니와의 대화는 무척 즐겁습니다. "내일은 해변에 떠내려온 고래 해체를 도우러 갈 거예요."라고 이야기하면, "향유고래면, 용연향龍涎香을 찾아다 주렴."이라고 대답해 주십니다. "내일은 빈투롱Arctictis binturong이라는 사향고양이의 친척 사체가 도착해요."라고 말하면 "정말 몸에서 사향 냄새가 나는지 냄새 좀 맡아 보렴."이라고 부탁하십니다. 나는 상상도 못 하는 질문이나 부탁을 받으면 새로운 시각이 생기고 일상이 한 단계 더 즐거워집니다.

해부 복에 배어든 죽음의 냄새(부패취)가 지워지지 않을 때는 "부패취에는 이 선향이 효과적이란다."라고 말씀하시며 직접 만든 선향을 피워 단번에 죽음의 냄새를 지워 주시기도

했습니다. 확실하진 않지만, 드라이아이스가 없던 시대에는 향을 피워서 사체가 발하는 부패취를 지운 듯합니다. 여러 번 빨아도 몇 시간이나 햇빛에 말려도 지워지지 않던 죽음의 냄새가 완전히 사라졌을 때는 어머니의 지식과 조상의 지혜에 감동했습니다. 인생에서 어머니가 가장 존경스러웠던 순간이 이때일지도 모릅니다.

어머니는 제게 공부하라고 말씀하신 적이 한 번도 없습니다. 그저 어머니 스스로 학문에 힘쓰며 몸에 지닌 학문의 위대함을 일상 속에서 보여 주셨습니다. 내가 연구자로 살아가는 데 가장 중요한 기반을 다져준 분은 틀림없이 어머니입니다. 어머니는 학자는 아니지만, 학자와 같은 자세를 지닌 사람입니다.

나가는 말

2019년 1월 말, 저는 이 책의 원고를 대강 마쳤습니다. 그로부터 며칠 뒤인 2월 3일, 저는 과학박물관 지하에서 오카피 사체와 마주하고 있었습니다. 우에노동물원에서 실어 낼 때 근육이 손상돼 버렸지만 신중하게 해부해 나가자 서서히 목의 근육 구조가 보였습니다. 분리된 목과 몸통을 맞추고 근육의 주행을 확인합니다.

얼마 전이었다면 손상된 사체를 이런 식으로 능숙하게 해부할 수는 없었을 것입니다. 다시금 지난 10년 동안의 시간의 흐름과 성장을 느끼는 계기가 되었습니다.

생물의 몸은 기본형이 있으며 자유자재로 모습을 바꿀 수 없습니다. 이 책에서 설명한 대로 기린은 경추 수 자체를 늘리지는 못했습니다. 포유류 진화의 역사 속에서 2억 년 이상

끊임없이 계승되어 온 '경추 수 7개'라는 신체 구성의 규칙에서 기린은 벗어나지 못했습니다. 하지만 그들은 근육이나 골격 구조를 약간 바꿔 몸통의 일부가 움직이는 구조를 획득해 '높은 곳이든 낮은 곳이든 머리가 닿는' 목표를 달성했습니다.

8번째 목뼈를 발견한 이후 동물원에서 기린을 바라보고 있으면 왠지 '중요한 것은 수단이 아니라 목표야.'라고 말을 걸어 주는 듯한 느낌이 듭니다. 높은 곳도 낮은 곳도 머리가 닿는다면 딱히 경추 수가 8개나 9개가 아니더라도 괜찮습니다.

혼자 힘으로는 아무리 해도 바뀌지 않는 것이 이 세상에는 정말 많습니다. 중요한 것은 벽에 부딪혔을 때, 손에 든 카드를 잘 이용해 어떻게 길을 개척해 가느냐입니다. 벗어날 수 없는 제약 속에서 몸의 기본 구조를 크게 바꾸지 않고 획득한 '기린의 8번째 목뼈'는 제게 그런 교훈을 가르쳐 주었습니다.

또 하나, 기린과 함께 보낸 10년 동안 깨달은 사실이 있습니다. 좋아하는 것을 좋아한다고 말하는 것의 소중함입니다. 무언가를 좋아한다고 말하면 같은 흥미를 가진 사람이 다가옵니다. 손을 내밀어 주는 사람이나 기회를 주는 사람도 만납니다.

처음으로 "기린 연구자가 되고 싶습니다."라고 말한 것은 대학교 1학년 봄에 참가한 생명과학 심포지엄의 뒤풀이로, 기린 연구자가 되고 싶다고 결심한 계기가 되었습니다. 열여덟 살이나 돼서 어린애 같은 허무맹랑한 꿈을 이야기한다는 것이 매우 부끄러웠습니다. 다들 비웃을지도 모른다는 두려움도 있었습니다.

하지만 제 발언을 들은 다른 연구자분들은 웃는 얼굴을 했지만, 놀리지 않았습니다. 오히려 "그렇다면 ○○ 선생을 만나러 가보면 좋지 않을까?"라고 친절하게 조언해 주었습니다. '좋아하는 것, 하고 싶은 것을 말하면 이렇게 가야 할 길을 가르쳐 주는구나.'라며 놀랐던 기억이 지금도 선명합니다.

그 이후 많은 교수님께 연락해 기린 연구를 하고 싶다고 상담했습니다. 대부분 "내 연구실에서는 기린 연구가 어렵다네."라고 말씀하신 다음, 때로는 친절하게 때로는 엄하게 다양한 조언을 해 주셨습니다.

만약 이 책을 읽고 계시는 분 중에 연구자를 지망하는 학생이 있다면, 용기 내서 대학교수님에게 연락해 보길 바랍니다. 교수님들은 열정과 의욕이 있는 학생을 굉장히 좋아합니다. 틀림없이 다양한 조언을 해 줄 것입니다.

예전에 엔도 교수님에게서 이런 메일을 받은 적 있습니다. 석사과정 진학처를 두고 고민하던 대학교 3학년 때의 이야기입니다.

"국내에 기린 연구만으로 생활하는 사람은 아마 없을 것입니다. 기린 연구를 하면서 지도자가 어딘가 있다거나 누군가 이미 길을 닦는 연구를 했으리라 기대하면 곤란합니다. 모두 스스로 이뤄 나가야 한다는 뜻에서 어느 연구실을 가든 그다지 큰 차이는 없을 것입니다." 지금 뒤돌아보면 교수님의 이 말씀이 기린 연구자로 살아갈 각오를 하는 계기가 되었습니다.

'누군가 손을 내밀어 주거나 길을 개척해 주길 기다리면 아무 일도 일어나지 않는다. 그렇다고 힘들다며 포기해서도 안 된다. 그렇다면 자신의 힘으로 개척해 갈 수밖에 없다.' 이때는 확실히 이렇게 각오를 다졌습니다. 이것이 연구자로서의 시작 지점이었는지 모릅니다.

다만, 10년을 되돌아보면 저 혼자 힘으로 이뤄 왔다기보다는 운이 좋았다는 생각이 큽니다. 사람과의 만남에서도 복을 받았습니다. 지도 교수님인 엔도 교수님을 시작으로 요소요소에서 다양한 분의 신세를 지며 귀중한 동물들을 해부할 수 있었습니다. 책 속에서 몇 번이나 '운명'이라는 말을 했지만,

정말 그렇게 쓰지 않으면 안 될 정도로 행운이 깃든 10년이었습니다.

특히 아직 연구 주제조차 정하지 못한 학부 4학년인 제게 흔쾌히 기린 사체를 빌려준 국립과학박물관의 가와다 씨에게 감사할 따름입니다. 빌려주신 한 아름 크기의 작은 기린을 보고 '이 몸속은 틀림없이 재밌는 수수께끼로 가득할 거야.'라고 생각할 수 있었습니다. 연구가 궤도에 오르기 전까지 기가 꺾이는 일도 많았지만, 이 새끼 기린의 존재가 언제나 제 마음을 분발하게 해 주었습니다. 소중한 표본을 헛되이 할 수 없다는 압박도 조금 있었지만, '이 표본이 내 손에 있는 한, 나는 할 수 있다. 기린 연구자가 될 수 있다.'라는 막연한 자신감을 낳아 주었습니다.

오카피 표본을 흔쾌히 빌려주신 가나가와현립 생명의 별·지구박물관의 타루 하지메樽創 선생님, 자신의 연구실로 기증된 기린을 해부하도록 허락해 준 야마구치대학의 와다 나오미和田直己 교수님을 시작으로 지금까지 신세를 져 온 대학과 박물관 관계자 여러분, 연구에 대해 의논해 주고 인생 상담을 해 준 여러 선배들, 언제나 해부 현장에서 도와준 엔도 교수님 연구실의 선·후배들, 그리고 항상 절 응원해 준 가

족에게도 감사하고 싶습니다.

언제나 기린을 운반해 주신 스즈키상회의 스즈키 토모하루鈴木智陽 님, 다쿠치 데쓰오田口哲生 님에게도 감사의 뜻을 전하고 싶습니다. 두 분의 도움 없이는 제 연구를 달성하지 못했을 것입니다. 그야말로 '프로'라는 말이 딱 어울리는 멋진 분들입니다.

그리고 귀중한 기린 사체를 기증해 주신 우에노동물원, 가고시마시히라카와동물원, 고베시립왕자동물원, 사이타마현어린이동물자연공원埼玉県子ども動物自然公園, 센다이시야기야마동물공원仙台市八木山動物公園, 타마동물공원, 치바시동물공원, 도야마시패밀리파크, 하마마쓰시동물원, 사파리리조트히메지센트럴파크サファリリゾート姫路セントラルパーク, 요코하마시립가나자와동물원横浜市立金沢動物園, 요코하마시립노게야마동물원의 관계자 여러분과 오카피 사체를 기증해 주신 우에노동물원, 요코하마동물원주라시아よこはま動物園ズーラシア의 관계자 여러분에게 진심으로 감사 인사를 드립니다.

이번에 과거를 되돌아보며 괴로운 기억이었던 첫 기린 해부, 즉 니나와의 추억이 제게 얼마나 소중한 일이었는지 깨달았습니다. 혼자 니나와 마주했던 나흘이 없었다면 저는 결코 기린 연구자가 되지 못했을 것입니다. 이 책을 기획해 과거를 되돌아볼 멋진 기회를 주신 분들께도 마음속 깊이 감사를 드립니다.

그리고 무엇보다 지금까지 계속 힘이 되어 준 기린과 오카피에게 고맙다는 말을 전하고 싶습니다. 지금까지 만난 기린과 오카피 모두 또렷하게 기억하고 있습니다. 이번에 소개하지 못한 기린도 잔뜩 있지만, 모두 내 연구를 지탱해 준 사랑스럽고 소중한 아이들입니다. 제가 즐겁게 인생을 걸어갈 수 있는 것은 기린과 오카피 덕분입니다. 만나서 다행이었습니다. "진심으로 고마워. 사랑해."

마지막으로 하나 더. 저는 지금까지 30마리의 기린을 해부하고 골격 표본으로 제작해 박물관에 보관해 왔습니다. 왜 30마리나 되는 기린 표본이 필요한지 질문한 사람은 아직 없지만, 만약 제가 기린이 아니라 너구리 표본을 보관했다면 틀림없이 그런 질문을 하는 사람이 많았을 것입니다.

박물관에는 수많은 표본이 수집돼 있습니다. 한 종에 하나의 표본이 아니라 특정 종의 표본을 대량으로 모으는 일도 많습니다. 예를 들어 국립과학박물관에는 1만 점이 넘는 일본 산양의 머리뼈가 보관돼 있습니다. 세계 최고의 산양 컬렉션입니다.

나는 기린뿐만 아니라 소나 산양, 바다표범 등을 표본으로 만드는 일에도 종사해 왔습니다. 동물원의 동물뿐만 아니라, 너구리나 오소리, 고양이 표본도 만들었습니다.

왜 이렇게 많은 표본을 만들까요? 바로 박물관에 오랫동안 자리 잡은 '3무無'라는 이념과 관계가 있습니다. '3무'란 '무목적, 무제한, 무계획'을 말합니다. 연구에 사용하지 않으니까, 더 보관할 장소가 없으니까, 지금은 바쁘니까……. 이런 세속적인 이유로 박물관이 수장할 표본을 제한하면 안 된다는 교훈이 담긴 말입니다.

가령 지금은 필요 없다 해도 100년 뒤에는 누군가 필요할지도 모릅니다. 그 사람을 위해 표본을 만들어 남기는 작업을 계속해 나가는 것, 그것이 박물관의 일입니다.

기린 해부는 나름대로 힘겨운 작업입니다. 사체를 수송하려면 돈도 듭니다. 해부 후, 불필요한 근육을 처분하는 데도 돈이 듭니다.

'아무리 기린 표본을 모아 봤자 쓸모없지. 연구할 사람도 없는데.' 누군가 이런 생각을 했다면 저는 이 연구를 달성하지 못했습니다. 박물관에 보관된 수많은 기린의 골격을 보면

이들을 모아 미래로 가는 길을 열려고 한 과거 사람들의 마음가짐이 느껴져 몹시 감격스럽습니다.

정직히 말하면 학생 시절에는 '3무'가 부담스러웠습니다. 바쁜 와중에 언제 도움이 될지도 모르는 표본을 만드는 작업은 귀찮은 일입니다. 하지만 누군가 하지 않으면, 표본을 모아 미래로 남겨 줄 수 없습니다. 제게 기린 표본을 남겨 준 과거의 사람들에게 경의를 표하며 저도 100년 뒤의 미래로 표본을 보내는 일을 일부나마 맡아 나가고 싶습니다.

그리고 동시에 100년 전에 보내준 표본을 이용해 다양한 연구 성과를 내서 어두운 수장고 선반에 소장된 표본에 빛을 보여 주고 싶습니다.

사실 지금도 100년도 더 전에 수집한 표본을 사용해 연구하고 있습니다. 과거에서 도착한 바통을 받아 연구 성과라는 이름의 가치를 붙인 다음, 다음 세대로 보낼 수 있는 연구자가 되고 싶습니다.

무목적, 무제한, 무계획.

수많은 표본이 무슨 도움이 되느냐고 자주 공격받는 지금이야말로 '3무'를 잊지 않고 소중히 지켜 나가고 싶습니다.

참고문헌

- 《또 하나의 우에노동물원 역사もう一つの上野動物園史》, 고모리 아쓰시小森厚 저, 마루젠라이브러리丸善ライブラリー, 1997년
- 《마도 미치오 시 전집(신판)まど·みちお全詩集<新訂版>》, 이토 에이지伊藤英治 편집, 리론사理論社, 2001년
- 《이야기 우에노동물원 역사 -원장이 이야기하는 동물들의 140년物語 上野動物園の歴史　園長が語る動物たちの140年》, 고미야 데루유키小宮輝之 저, 중앙공론신사中央公論新社, 2010년
- 엔도 토미히코遠藤智比古(1990), '기린'의 번역어 고찰「キリン」の訳語考, 영문학사연구英学史研究, 23, 41-55.
- 유키 요시노부湯城吉信(2008), 지라프를 기린이라고 부르는 이유: 중국의 예, 일본의 예(기린을 둘러싼 명명학 1) ジラフがキリンと呼ばれた理由: 中国の場合、日本の場合(麒麟を巡る名物学 その一, 인문학논집 히라키 고헤이 교수 퇴직 기념호人文学論集 平木康平教授退職記念号, 26, 69-96.
- 호소다 다카히사細田孝久(2013), 국내 기린의 개체군 상황과 아종 문제国内のキリン個体群の状況と亜種問題, 수의축산신보獣医畜産新報), 66, 822-825.

- Agaba M, Ishengoma E, Miller WC, McGrath BC, Hudson CN, Bedoya Reina OC, Ratan A, Burhans R, Chikhi R, Medvedev

P, Praul CA, Wu-Cavener L, Wood B, Robertson H, Penfold L, Cavener DR (2016) Giraffe genome sequence reveals clues to its unique morphology and physiology. Nature Communications, 7, 11519.

- Basu C, Falkingham PL, Hutchinson JR (2016) The extinct, giant giraffid Sivatherium giganteum: skeletal reconstruction and body mass estimation. Biology Letters, 12, 20150940.
- Brøndum E, Hasenkam JM, Secher NH, Bertelsen MF, Grøndahl C, Petersen KK, Buhl R, Aalkjær C, Baandrup U, Nygaard H, Smerup M, Stegmann F, Sloth E, Østergaard KH, Nissen P, Runge M, Pitsillides K, Wang T (2009) Jugular venous pooling during lowering of the head affects blood pressure of the anesthetized giraffe. American Journal of Physiology-Regulatory, Integrative and Comparative Physiology, 297, R1058-1065.
- Buchholtz EA, Stepien CC (2009) Anatomical transformation in mammals: developmental origin of aberrant cervical anatomy in tree sloths. Evolution and Development, 11, 69-79.
- Dagg AI (1965) Sexual differences in giraffe skull. Mammalia, 29: 610-612.
- Dagg AI, Foster JB (1976) The Giraffe: Its Biology, Behavior, and Ecology. Krieger Publishing Company, Malabar.
- Danowitz M, Vasilyev A, Kortlandt V, Solounias N (2015) Fossil

evidence and stages of elongation of the Giraffa camelopardalis neck. Royal Society Open Science, 2, 150393.

- Danowitz M, Domalski R, Solounias N (2016) The cervical anatomy of Samotherium, and intermediatenecked giraffid. Royal Society Open Science, 2, 150521.
- Davis EB, Brakora KA, Lee AH (2011) Evolution of ruminant headgear: a review. Proceedings of the Royal Society B, 278, 2857-2865.
- Fennessy J, Bidon T, Reuss F, Kumar V, Elkan P, Nilsson MA, Vamberger M, Fritz U, Janke A (2016) Multi-locus analyses reveal four giraffe species instead of one. Current Biology, 26, 2543-2549.
- Graf W, de Waele C,Vidal PP (1995) Functional anatomy of the head–neck movement system of quadrupedal and bipedal mammals. Journal of Anatomy, 188, 55-74.
- Godynichi S, Franckowiak H (1979) Arterial branches supplying the rostral and caudal retia mirabilia in artiodactyls. Folia Morphologica, 38, 505-510.
- Gunji M, Endo H (2016) Functional cervicothoracic boundary modified by anatomical shifts in the neck of giraffes. Royal Society Open Science, 3, 150604.
- Hautier L, Weisbecker V, Sánchez-Villagra MR, Goswami A,

Asher RJ (2010) Skeletal development in sloths and the evolution of mammalian vertebral patterning. Proceedings of the National Academy of Sciences of the United States of America, 107, 18903-18908.

- Head JJ, Polly PD (2015) Evolution of the snake body form reveals homoplasy in amniote Hox gene function. Nature, 520, 86-89.
- Kubo T, Mitchell MT, and Henderson DM. (2012) Albertonectes vanderveldei, a new elasmosaur (Reptilia, Sauropterygia) from the upper cretaceous of Alberta. Journal of Paleontology, 32:557-572.
- Lankester R (1908) On certain points in the structure of the cervical vertebrae of the okapi and the giraffe. Proceedings of the Zoological Society of London, 1908, 320-334.
- Lawrence WE, Rewell RE (1948) The cerebral blood supply in the Giraffidae. Proceedings of the Zoological Society of London, 118, 202-212.
- Mitchell G, and Skinner JD (2003) On the origin, evolution and phylogeny of giraffes Giraffa camelopardalis. Transactions of the Royal Society of South Africa, 58, 51-73.
- Mitchell G, Skinner JD (2009) An allometric analysis of the giraffe cardiovascular system. Comparative Biochemistry and Physiology A, 154, 523-529.

- Mitchell G, van Sittert SJ, Skinner JD (2009) Sexual selection is not the origin of long necks in giraffes. Journal of Zoology, 281-286.
- Narita Y, Kuratani S (2005) Evolution of the vertebral formulae in mammals: a perspective on developmental constraints. Journal of Experimental Zoology, 304, 91-106.
- Owen R (1839) Notes on the anatomy of the Nubian giraffe. Transactions of the Linnean Society of London, 2, 217-243.
- Prothero DR, Foss SE (2007) The Evolution of Artiodactyls. Johns Hopkins University Press, Baltimore.
- Van Sittert SJ, Mitchell G (2015) On reconstructing Giraffa sivalensis, an extinct giraffid from the Siwalik Hills, India. PeerJ, 3, e1135.
- Slijper EJ (1946) Comparative biologic–anatomicalinvestigations on the vertebral column and spinal musculature of mammals. Verhandeligen der Koninklijke Nederlandsche Akademie van Wetenschappen, 42, 1-128.
- Smerup M, Damkjær M, Brøndum E, Baandrup UT, Kristiansen SB, Nygaard H, Funder J, Aalkjær C, Sauer C, Buchanan R, Bertelsen MF, Østergaard KH, Grøndahl C, Candy G, Hasenkam JM, Secher NH, Bie P, Wang T (2016) The thick left ventricular wall of the giraffe heart normalises wall tension, but limits stroke

volume and cardiac output. Journal of Experimental Biology, 219, 457-463.

- Solounias N (1999) The remarkable anatomy of the giraffe's neck. Journal of Zoology, 247, 257-268.
- Spinage CA (1968) Horns and other bony structures of the skull of the giraffe, and their functional significant. East African Wildlife Journal, 6, 53-61.

나는
기린 해부학자
입니다

초판 1쇄 인쇄 2020년 11월 18일
초판 4쇄 발행 2023년 6월 1일

지은이 군지 메구
옮긴이 이재화
감수 최형선

발행인 김기중
주간 신선영
편집 민성원, 백수연, 이민희
마케팅 김신정, 김보미
경영지원 홍운선

펴낸곳 도서출판 더숲
주소 서울시 마포구 동교로 43-1 (04030)
전화 02-3141-8301~2
팩스 02-3141-8303
이메일 info@theforestbook.co.kr
페이스북 · 인스타그램 @theforestbook
출판신고 2009년 3월 30일 제2009-000062호

ISBN 979-11-90357-50-0 03400

이 도서의 국립중앙도서관 출판예정도서목록(CIP)은 서지정보유통지원시스템 홈페이지(http://seoji.nl.go.kr)와 국가자료종합목록 구축시스템(http://kolis-net.nl.go.kr)에서 이용하실 수 있습니다.
(CIP제어번호 : CIP2020045183)